Praxishandbuch SAP®-Zeitwirtschaft (HCM-PT)

2., erweiterte Auflage

Udo Walsch
Jürgen Schmitz
Lars Möller

Willkommen bei Espresso Tutorials!

Unser Ziel ist es, SAP-Wissen wie einen Espresso zu servieren: Auf das Wesentliche verdichtete Informationen anstelle langatmiger Kompendien – für ein effektives Lernen an konkreten Fallbeispielen. Viele unserer Bücher enthalten zusätzlich Videos, mit denen Sie Schritt für Schritt die vermittelten Inhalte nachvollziehen können. Besuchen Sie unseren YouTube-Kanal mit einer umfangreichen Auswahl frei zugänglicher Videos:

https://www.youtube.com/user/EspressoTutorials.

Kennen Sie schon unser Forum? Hier erhalten Sie stets aktuelle Informationen zu Entwicklungen der SAP-Software, Hilfe zu Ihren Fragen und die Gelegenheit, mit anderen Anwendern zu diskutieren:

https://forum.espresso-tutorials.com/.

Eine Auswahl weiterer Bücher von Espresso Tutorials:

- Marcel Schmiechen:
  Berechtigungen in SAP® ERP HCM – Einrichtung und Konfiguration
  http://5160.espresso-tutorials.de
- Marcel Schmiechen:
  Berechtigungen in SAP® ERP HCM – Erweiterung und Optimierungen *http://5161.espresso-tutorials.de*
- Wolf Kanngießer:
  Formulargestaltung in SAP® HCM – PDF-Formulare mit HR Forms erstellen *http://5198.espresso-tutorials.de*
- Stefan Endrejat:
  Personalabrechnung und Administration mit SAP® ERP HCM (SAP HR) *http://5201.espresso-tutorials.de*
- Wolf Kanngießer:
  Schnelleinstieg in SAP® HCM
  http://5267.espresso-tutorials.de
- Udo Walsch, Stefan Endrejat:
  Schnelleinstieg SAP® SuccessFactors – Employee Central mit Recruiting und Learning *http://5429.espresso-tutorials.de*

Bibliografische Information der Deutschen Nationalbibliothek
Die Deutsche Nationalbibliothek verzeichnet diese Publikation in der Deutschen Nationalbibliografie; detaillierte bibliografische Daten sind im Internet über https://portal.dnb.de abrufbar.

Udo Walsch, Jürgen Schmitz, Lars Möller
Praxishandbuch SAP®-Zeitwirtschaft (HCM-PT)

ISBN: 978-3-960122-83-8

Lektorat: Anja Achilles

Korrektorat: Christine Weber

Coverdesign: Philip Esch

Coverfoto: iStockphoto.com | asbe No. 1374648761

Satz & Layout: Johann-Christian Hanke

2. Auflage 2024

URL: *www.espresso-tutorials.de*

Feedback:
Wir freuen uns über Fragen und Anmerkungen jeglicher Art. Bitte senden Sie diese an: *info@espresso-tutorials.com*.

Inhaltsverzeichnis

Vorwort

Die SAP-Zeitwirtschaft als Teil des Moduls HCM dient der Erfassung, Verwaltung und Auswertung von Arbeitszeitdaten der Mitarbeiter. Die Komponente muss in der Lage sein, alle gesetzlichen, tariflichen, betrieblichen oder einzelvertraglichen Anforderungen abzubilden. Diese finden sich u. a. in Arbeitszeit- und Vergütungsregelungen sowie Vereinbarungen bzgl. Zeitkonten und sind in der Regel eng an die Organisationsstruktur des Unternehmens gebunden.

Die sich daraus ergebende Vielzahl unterschiedlicher Konstellationen stellt eine besondere Herausforderung an eine automatisierte Zeitauswertung dar. Nach unserer Erfahrung steigt die Komplexität der Konfiguration mit der Größe der Firma, da hieraus oftmals unterschiedliche Regelungen hervorgehen, z. B. für mehrere Standorte in unterschiedlichen Tarifgebieten oder für verschiedene Unternehmensteile mit individuellen Betriebsvereinbarungen.

Dieses Buch erklärt anhand praxisnaher Beispiele die wesentlichen Systemeinstellungen des SAP-Moduls Zeitwirtschaft und gibt viele Hinweise, wie Sie den komplexen Anforderungen mit einem guten Grundkonzept begegnen können. Wir setzen in jedem der ersten drei Kapitel einen eigenen Schwerpunkt, der nach unserer Erfahrung jeweils für eine optimale Nutzung der SAP-Zeitwirtschaft wichtig ist.

Kapitel 1 beschreibt die **Grundlagen** der SAP-Zeitwirtschaft und erläutert die korrekte Hinterlegung der Arbeitszeiten. Aufgrund des großen Einflusses der **rechtlichen Rahmenbedingungen** auf die Zeitwirtschaft haben wir in diesem Kapitel immer wieder Hinweise eingefügt, die helfen sollen, diese besonderen Anforderungen korrekt abzubilden.

Kapitel 2 stellt die **Prozesse** innerhalb der SAP-Zeitwirtschaft dar. Wir erläutern die Systemeinstellungen, die zur Erfassung der Daten und Abbildung der Prozesse erforderlich sind. Wie das erste Kapitel zu den Grundkonzepten richtet sich auch dieses Kapitel an Key-User aus den Fachabteilungen und Anwendungsberater. Insbesondere für Mitarbeiter aus den Fachabteilungen erleichtert der Einstieg über die Prozesssicht das Verstehen auswählbarer Systemeinstellungen. Darüber hinaus möchten wir mit unserer Art der Darstellung und den Hinweisen einige Möglichkeiten aufzeigen, die Prozesse der Zeitwirtschaft effizient abzubilden.

Wir verzichten in diesem Kapitel ganz bewusst darauf, die Systemeinstellungen zur Zeitauswertung im Detail zu erläutern. Die Anpassung von z. B. Schemen und Zyklen wird deshalb nur grundsätzlich vorgestellt.

Große Teile des Moduls Zeitwirtschaft sind seit Jahren unverändert und in der Fachliteratur gut dokumentiert. Lediglich in Anwendungen speziell für den Mitarbeiter und den Vorgesetzten hat die SAP – insbesondere seit dem Release des EHP5 – eine Vielzahl von Neuerungen ausgeliefert. Dies sind nicht nur die Employee- und Manager Self Services (ESS, MSS), sondern auch die auf neuen Technologien basierenden HR-Renewal- und SAP Fiori-Anwendungen, die hauptsächlich mit dem EHP7 und mit Fiori 2.0 ausgeliefert wurden.

Wir zeigen in **Kapitel 3**, wie Sie diese Neuerungen sinnvoll in die Zeitwirtschaft einbinden. Dies erhöht die Effizienz der Datenerfassung und hilft, den Dialog für den Anwender ansprechend zu gestalten. Es werden jeweils die **Oberflächen** dargestellt und danach die Konfiguration erläutert.

Insbesondere die 2020 ausgelieferte Version Fiori 2.0 for SAP ERP HCM machte es notwendig, eine 2. Auflage des Praxishandbuchs SAP Zeitwirtschaft zu erstellen, um die ESS-Anwendung im aktuellen Fiori-Design darzustellen und alle Möglichkeiten der dezentralen Zeitdatenerfassung zu erläutern.

Zusammen mit den Erläuterungen aus Kapitel 1 und der Darstellung der Prozesse in der SAP-Zeitwirtschaft ergibt sich bereits ein sehr guter Leitfaden zur Einrichtung der Zeitdatenerfassung und Zeitauswertung. Kapitel 3 richtet sich insbesondere an Zeitwirtschaftsadministratoren bzw. -berater mit Grundkenntnissen in den Datenstrukturen der SAP-Personaladministration und ersten Erfahrungen in der Konfiguration der Zeitwirtschaft.

In **Kapitel 4** werden ausgewählte Themen der Zeitwirtschaft anhand einiger Praxisbeispiele erläutert. Dieses Kapitel setzt gute Kenntnisse in der SAP-Zeitwirtschaftskonfiguration voraus. Die Themenauswahl erhebt keinen Anspruch auf Vollständigkeit, sondern wurde subjektiv aufgrund unserer Erfahrungen getroffen. Es sind Themen, von denen wir annehmen, dass sie bisher noch nicht hinreichend beschrieben wurden, für viele Unternehmen jedoch von Bedeutung und geeignet sind, die Kenntnisse aus den ersten drei Kapiteln zu vertiefen.

Die in diesem Buch gezeigten Abbildungen basieren auf einem SAP-System ECC 6.0 mit EHP8, das SAP GUI verwendet als Design das »Corbu Theme«.

Für die Unterstützung bei diesem Buchprojekt danken wir Rechtsanwalt Dr. Christian Schlottfeldt (Arbeitszeitkanzlei), Marcel Peitz und Arnd Witt.

In den Text sind Kästen eingefügt, um wichtige Informationen besonders hervorzuheben. Jeder Kasten ist zusätzlich mit einem Piktogramm versehen, das diesen genauer klassifiziert:

Hinweis

Hinweise bieten praktische Tipps zum Umgang mit dem jeweiligen Thema.

Beispiel

Beispiele dienen dazu, ein Thema besser zu illustrieren.

! Achtung

Warnungen weisen auf mögliche Fehlerquellen oder Stolpersteine im Zusammenhang mit einem Thema hin.

Die Form der Anrede

Um den Lesefluss nicht zu beeinträchtigen, verwenden wir im vorliegenden Buch bei personenbezogenen Substantiven und Pronomen zwar nur die gewohnte männliche Sprachform, meinen aber gleichermaßen Personen weiblichen und diversen Geschlechts.

Hinweis zum Urheberrecht

Sämtliche in diesem Buch abgedruckten Screenshots unterliegen dem Copyright der SAP SE. Alle Rechte an den Screenshots hält die SAP SE. Der Einfachheit halber haben wir im Rest des Buches darauf verzichtet, dies unter jedem Screenshot gesondert auszuweisen.

1 Grundlagen der SAP-Zeitwirtschaft und rechtliche Aspekte

Wichtigste Grundlage der Zeitwirtschaft mit SAP ist eine korrekte Abbildung der geplanten Arbeitszeit. In diesem Kapitel erfahren Sie, wie Sie *Arbeitszeitpläne anlegen*, Daten erfassen und Abweichungen sowie Ausnahmeregelungen konfigurieren. Dabei stellen wir die Einflüsse juristischer Aspekte auf die Systemkonfiguration anhand konkreter Einzelbeispiele dar und geben praxisbezogene Hinweise zum Systemverhalten, sodass Sie am Ende nicht nur einen guten Einblick in die Arbeitsweise der SAP-Zeitwirtschaft gewonnen haben, sondern auch einige der Stolpersteine kennen werden.

Grundsätzliches technisches Unterscheidungsmerkmal einer Zeitauswertung ist zunächst, ob der Mitarbeiter seine Stempelzeiten erfasst (*positive Zeitauswertung*) oder lediglich Abweichungen von seiner planmäßigen Arbeitszeit im System registriert werden (*negative Zeitauswertung*). Im SAP-System stehen für die beiden Konzepte zwei *Personalrechenschemen* (nachfolgend *Schema*) zur Verfügung. Ein Schema wird im Rahmen eines Zeitauswertungslaufs durch den Report RPTIME00 prozessiert, der die Zeitabrechnung steuert. Die beiden wichtigsten internationalen Standardschemen der Zeitwirtschaft sind:

- TM00 (positive Zeitauswertung) und
- TM01 (negative Zeitauswertung).

Ein Schema kann mithilfe des Schemeneditors (*Transaktion PE01*) modifikationsfrei angepasst werden.

Anpassung/Konfiguration von Schemen und Regeln

Die Anpassung der Regeln, Funktionen und Operationen sollte dann in Erwägung gezogen werden, wenn der SAP-Standard nicht die Anforderungen abdecken kann oder dadurch erhebliche Prozessverbesserungen erzielt werden können. Für die Anpassung sind im Customizing tief gehende Kenntnisse von Schemen und Regeln notwendig sowie Know-how in der Programmiersprache ABAP hilfreich.

Im Weiteren konzentrieren wir uns auf die Gestaltung von Arbeitszeitplänen, An- bzw. Abwesenheiten und die Lohnartengenerierung.

1.1 Negative Zeitauswertung

Die Systemdokumentation der SAP definiert die Verwendung des Schemas TM01 wie folgt:

> *»Das Schema TM01 wurde für die Auswertung von Zeitdaten entwickelt, bei denen nur die Abweichungen vom Arbeitszeitplan, nicht aber die als Arbeitszeit anrechenbaren Zeiten (Istzeiten) erfasst werden.«*

Das Schema TM01 dient dazu, Zeitdaten, die im Dialog erfasst wurden, einzulesen und zu verarbeiten. Mit ihm werden Zeitsalden, -lohnarten und -kontingente gebildet.

Bewertungsgrundlage für die Zeitauswertung bildet ein *Sollpaar*, das gemäß der Sollvorgaben aus dem *persönlichen Schichtplan* des Mitarbeiters generiert wird.

Im Allgemeinen stimmen die Sollpaare mit der geleisteten Arbeitszeit überein. Lediglich Anwesenheiten aus dem *Infotyp 2002* und Abwesenheiten aus dem Infotyp *2001* bewirken eine Differenz zwischen Soll und Ist.

Durch das Schema TM01 werden automatisch für alle erfassten Anwesenheitszeiten, die außerhalb der Sollvorgaben aus dem persönlichen Schichtplan liegen, Mehrarbeiten generiert. Mittels der Erfassung von Mehrarbeiten über den gleichnamigen Infotyp *2005* können Mehrarbeitszeiten unter Berücksichtigung von Mehrarbeitspausen kontrolliert genehmigt werden.

1.1.1 Verschiedene Aspekte der negativen Zeitauswertung

Für eine Arbeitszeitregelung ohne Erfassung der tatsächlichen Arbeitszeiten hat sich der Begriff *Vertrauensarbeitszeit* etabliert.

Die Vertrauensarbeitszeit hat sich in deutschen Unternehmen in den vergangenen Jahren immer stärker durchgesetzt. Durch sie soll beispielweise die Eigenverantwortung von Mitarbeitern gefördert werden. Nicht zu vernachlässigen ist auch die Möglichkeit signifikanter Kostensenkungen durch den Verzicht auf Zeiterfassungs- und Zeitauswertungssysteme für gestempelte Arbeitszeiten.

Durch die Nutzung der Vertrauensarbeitszeit werden jedoch zwischen Arbeitgeber und Arbeitnehmer viele Sachverhalte sonst üblicher Arbeitszeitregelungen – etwa Stempelzeiten, Rahmen-/Normal-/Kernarbeitszeiten, Zeitkontenarten und -grenzen – formal nicht geregelt. Dies wirft in der betrieblichen Praxis einige rechtliche Fragen auf, die auch Auswirkungen auf die SAP-Systemkonfiguration bzw. entsprechende Eingabemöglichkeiten haben können:

- Wie bestimmt sich der Umfang der Arbeitszeit?
- Wie verteilt sich die Arbeitszeit auf den Tag?
- Wie erfolgt die Erfüllung gesetzlicher Nachweispflichten ohne Zeiterfassung?

1.1.2 Aufzeichnungspflichten gemäß § 16 ArbZG

Mit der Vertrauensarbeitszeit und damit einhergehender fehlender Protokollierung von Stempelzeiten entfällt für den Arbeitgeber ein tatsächlicher Nachweis der vom Arbeitnehmer geleisteten Arbeitszeit.

Es stellt sich hierdurch die Frage, wie unter dieser Voraussetzung die **Nachweispflicht** aus § 16 Abs. 2 Arbeitszeitgesetz (*ArbZG*) erfüllt werden kann.

Dieser Paragraf schreibt vor, dass der Arbeitgeber die über die in § 3 Satz 1 ArbZG festgelegte durchschnittliche *Höchstarbeitszeit* (= acht Stunden pro Werktag [Mo–Sa] innerhalb eines Ausgleichszeitraums von 24 Wochen oder sechs Kalendermonaten bzw. vier Wochen oder einem Kalendermonat für Nachtarbeitnehmer i. S. d. § 2 Abs. 5 ArbZG [§ 6 Abs. 2 ArbZG]) hinausgehenden Arbeitszeiten der Menge nach aufzuzeichnen hat, diese Aufzeichnungen zwei Jahre aufbewahrt und im Überprüfungsfall der Aufsichtsbehörde – dies sind in der Regel die staatlichen Gewerbeaufsichtsbehörden – zur Überprüfung herauszugeben hat.

! Pflichten des Arbeitgebers

Der mit der Vertrauensarbeitszeit verbundene Verzicht auf eine Arbeitszeiterfassung entbindet nicht von der gesetzlichen Aufzeichnungspflicht des Arbeitgebers.

Der Arbeitgeber kann die Anfertigung der Aufzeichnungen jedoch auf den Arbeitnehmer übertragen; aber auch dann behält der Arbeitgeber die Verantwortung für eine ordnungsgemäße Aufzeichnung und muss im Rahmen seiner Aufsichtspflicht sicherstellen, dass der Arbeitnehmer auch tatsächlich entsprechende Aufzeichnungen führt.

§ 16 ArbZG sieht indes keine bestimmte Form der Aufzeichnung vor. Die gesetzliche Aufzeichnungspflicht ist somit erfüllt, wenn der Arbeitnehmer an Tagen mit Arbeitszeiten oberhalb der durchschnittlich zulässigen Höchstarbeitszeit die zusätzlich geleistete Stundenanzahl erfasst, also Arbeitszeiten oberhalb von acht Stunden an Werktagen (Mo–Sa) sowie alle Arbeitszeiten an Sonn- und Feiertagen. Die Lage der Arbeitszeit sowie Dauer und Lage der Ruhepausen sind dabei nicht aufzeichnungspflichtig. Davon unberührt bleiben allerdings erweiterte Dokumentationspflichten der Arbeitszeit, die sich aus anderen gesetzlichen Bestimmungen ergeben. So müssen etwa gemäß § 17 MiLoG bei geringfügig Beschäftigten auch Beginn und Ende der täglichen Arbeitszeit erfasst werden.

1.1.3 Vereinfachte Aufzeichnung auf Basis der Fünftagewoche

Die in § 16 ArbZG festgelegte Aufzeichnungsvorschrift von Mehrarbeit beruht auf einer Sechstagewoche (Mo bis Sa). Daraus ergibt sich de facto für die zulässige durchschnittliche Wochenarbeitszeit ein Wert von 48 h. Arbeitszeiten oberhalb dieses Grenzwerts müssen innerhalb des gesetzlichen Ausgleichszeitraums durch Freizeit ausgeglichen werden und sind aufzuzeichnen. Allerdings ist zu berücksichtigen, dass sich die zulässige Arbeitszeit aufgrund gesetzlicher Feiertage an Werktagen pro Feiertag um acht Stunden reduziert.

Ausgleichszeiten

Die Überschreitung der wöchentlichen Höchstarbeitszeitgrenze von 48 Stunden muss durch einen Arbeitszeitausgleich in Form von Ausgleichstag(en) kompensiert werden. Häufig verlangen die Aufsichtsbehörden auch einen Nachweis über Ausgleichszeiten, um eine vollständige Kontrollmöglichkeit über die Einhaltung der gesetzlichen Vorschriften zu erhalten. Eine solche Aufzeichnung ist jedoch – genau wie die exakte Lage der Arbeitszeit – gesetzlich nicht vorgeschrieben. Der Nachweis des Arbeitszeitausgleichs setzt deshalb eine besondere aufsichtsbehördliche Verfügung voraus, dass über § 16 Abs. 2 ArbZG hinaus alle Arbeitszeiten zu erfassen sind.

Die gesetzlichen Bestimmungen zur Führung von Arbeitszeitnachweisen sind auf eine regelmäßige Sechstagewoche (Mo–Sa) ausgelegt, die in der betrieblichen Praxis häufig nicht mehr anzutreffen ist. Vielfach gilt eine Fünftagewoche (Mo–Fr). In diesem Fall stellt der arbeitsfreie Werktag (Samstag) aus Sicht des Arbeitszeitgesetzes einen Ausgleichstag dar, an dem Mehrarbeit an den Tagen Mo–Fr durch Freizeit ausgeglichen werden kann. Insoweit ist zwischen den arbeits-/tarifvertraglichen und betrieblichen Regelungen der Arbeitszeitverteilung einerseits und den gesetzlichen Rahmenbestimmungen der Arbeitszeitgestaltung andererseits zu unterscheiden.

Vor diesem Hintergrund lässt sich die gesetzliche Aufzeichnungsvorschrift bei einer Fünftagewoche mit regelmäßig arbeitsfreiem Samstag auch so auslegen, dass bei einer Fünftagewoche (z. B. Montag bis Freitag) arbeitstägliche Überschreitungen an den Arbeitstagen erst ab 9,6 h aufgezeichnet werden müssen. Da der arbeitsfreie Samstag als Werktag einen vollen Ausgleichstag darstellt, werden tägliche Arbeitszeiten bis 9,6 h (5 × 9,6 h = 48 h) automatisch ausgeglichen. Voraussetzung hierfür ist, dass der entsprechende Samstag auch tatsächlich arbeitsfrei ist. Sollte ausnahmsweise am Samstag gearbeitet werden, müssten diese Arbeitszeiten konsequenterweise von der ersten Stunde an ebenfalls aufgezeichnet werden.

Die Fünf-Tage-Aufzeichnung kann noch einfacher praktiziert werden, wenn die betrieblichen Abläufe z. B. längere Arbeitszeiten von Montag bis Donnerstag, gefolgt von einem kurzen Freitag, vorsehen. In diesem Falle muss der Arbeitszeitplan entsprechend exakt im System angelegt werden, was bei einer 40-Stunden-Woche bedeutet:

- Montag–Donnerstag: 8,5 h Sollzeit (zzgl. Pausenzeit) und
- Freitag: 6,0 h Sollzeit (zzgl. Pausenzeit).

Unabhängig von den gesetzlichen Aufzeichnungspflichten kann die Erfassung von Arbeitszeiten darüber hinaus erforderlich sein, um Auskunftsansprüche des Betriebsrates zu erfüllen.

1.1.4 Design der Arbeitszeitpläne für Vertrauensarbeitszeit

Aus diesen Ausführungen zur Vertrauensarbeitszeit wird deutlich, dass es auch bei einer negativen Zeitauswertung notwendig ist, die geplante Arbeitszeit im System zu hinterlegen. In den dazugehörigen Systemeinstellungen finden sich üblicherweise weniger Arbeitszeitpläne als im Bereich der positiven Zeitauswertung. Dies liegt u. a. an der schlankeren Abbildung von Arbeitsverträgen mit z. B. 40 Wochenstunden Arbeitszeit. Sehr häufig wird hierfür in der negativen Zeitwirtschaft nur ein einziger Plan angelegt, der die täglichen Arbeitsstunden gleichmäßig auf fünf Arbeitstage verteilt.

Dabei grundsätzlich zu beachten ist die Bewertung von Abwesenheiten, etwa bei bezahlter Krankheit oder der Kontingentabtragung von Urlauben. Auch hängen Saldenbildungen (z. B. das Gleitzeitsaldo) von der korrekten Verteilung der Sollzeiten in der Woche ab. Die im System hinterlegten Arbeitszeitpläne müssen den tatsächlichen vertraglichen Rahmenbedingungen entsprechen, um diesbezüglich keine Schwierigkeiten zu verursachen.

! Überstunden bei Vertrauensarbeitszeit

Gerade im Bereich der Vertrauensarbeitszeit finden sich – trotz mittlerweile älterer Rechtsprechung des Bundesarbeitsgerichts aus dem Jahre 2010 – immer noch Arbeitsverträge mit Formulierungen wie »Überstunden sind mit dem Gehalt abgegolten«. Diese Formulierungen sind aufgrund ihrer Unbestimmtheit als arbeitsvertragliche Formularklauseln in der Regel unwirksam, womit eine Vergütungspflicht des Arbeitgebers für geleistete Überstunden verbunden sein kann.

So können insbesondere Mitarbeiter mit einem Entgelt unterhalb der Beitragsbemessungsgrenze der gesetzlichen Rentenversicherung eine nachträgliche Vergütung von Überstunden innerhalb der geltenden Verjährungsfristen verlangen (Verjährungsfrist bei außertariflich Beschäftigten: drei Jahre gemäß §§ 195, 199 BGB; bei Vereinbarung arbeitsvertraglicher Ausschlussklauseln für die Geltendmachung von Ansprüchen können u. U. deutlich kürzere Fristen greifen). Die Leistung und Erforderlichkeit von Mehrarbeit muss jedoch im Einzelnen vom Mitarbeiter nachgewiesen werden.

Der Arbeitgeber kann im Rahmen seiner Weisungsbefugnis den Mitarbeiter verpflichten, seine Überstunden im SAP-System zeitnah zu erfassen; im Zeitauswertungsschema lassen sich dann mithilfe entsprechender Rechenregeln, die die Arbeitszeiten des Tages auslesen und verarbeiten, separate *Zeitarten* bilden, die alle Arbeitszeitinformationen wie

- Sollarbeitszeit,
- tatsächliche Arbeitszeit,

- Pausenzeiten,
- Überstundenzeit,
- tägliche Arbeitszeiten >10 h,
- die Wochensollzeit übersteigende Arbeitszeit des Tages

auswertbar zur Verfügung stellen. Hierdurch wird eine permanente Kontrolle der Überstundenvolumina in der negativen Zeitwirtschaft ermöglicht.

1.2 Positive Zeitauswertung mit Personalzeitereignissen

Die Systemdokumentation der SAP definiert die Verwendung des *Schemas TM00* wie folgt:

> *»Das Schema TM00 dient dazu, die an einem Zeiterfassungsterminal erfassten Personalzeitereignisse bzw. die durch die Paarbildung aus den Zeitereignissen gebildeten Zeitpaare zu verarbeiten. Zusätzlich werden An- und Abwesenheiten eingelesen.«*

1.2.1 Klassifizierung der Zeiten

Das Schema TM00 geht von einer Positiverfassung der Zeitdaten aus, d. h., es werden alle für die Arbeitszeit anrechenbaren Zeiten erfasst (Ist-Zeiten).

Es wird vorausgesetzt, dass alle diese Zeitdaten Uhrzeiten tragen (oder ganztägige Sätze sind). Die Hauptaufgabe des Schemas TM00 besteht darin, die erfassten Ist-Zeiten durch Gegenüberstellung mit den im Tagesarbeitszeitplan hinterlegten Sollvorgaben (Sollarbeitszeitbeginn, -ende, Kernzeiten, Pausenzeiten) zu klassifizieren.

1.2.2 Mehrarbeitsermittlung

Für die Mehrarbeitsermittlung werden im Schema TM00 Zeiten vor Sollarbeitszeitbeginn bzw. nach Sollarbeitszeitende nicht automatisch als Arbeitszeit anerkannt, sondern müssen gesondert genehmigt werden.

Eine Mehrarbeitsgenehmigung kann auf verschiedenen Arten erteilt werden. Im Schema TM00 gibt es z. B. folgende Optionen:

- Vorliegen einer Anwesenheitsgenehmigung aus Infotyp »Anwesenheitskontingente«,
- Vorliegen einer Mehrarbeitsgenehmigung aus Infotyp »Zeiterfassungsinformation«,
- Vorliegen einer Mehrarbeitsgenehmigung aus dem »Tagesarbeitszeitplan«,
- Mehrarbeitsermittlung ohne Mehrarbeitsgenehmigung.

In allen aufgeführten Fällen wird Mehrarbeit nur ermittelt:

- nach Erreichen der Sollstunden des Tagesarbeitszeitplans bzw.
- höchstens bis zum Erreichen der täglichen maximalen Arbeitszeit.

Wöchentliche Mehrarbeit

In vielen Fällen erfolgt keine tagesgenaue, sondern eine wöchentliche Mehrarbeitsbetrachtung. Diese liegt z. B. vor, wenn mit Zuschlägen vergütungspflichtige Mehrarbeit erst ab der 42. Wochenarbeitsstunde entsteht.

In der Praxis hat sich hierfür die Verwendung der Rechenoperation GOTC bewährt, wie sie im Standardschema TPOW eingesetzt wird.

Rechenoperationen (*Operationen*) werden innerhalb der Zeitauswertungsschemen über *Regeln* aufgerufen und führen insbesondere die Berechnung der Zeitwirtschaftsergebnisse durch.

Mithilfe der Operation GOTC lässt sich eine interne Rückrechnung der verarbeiteten Arbeitswoche durchführen, wenn diese die wöchentliche Mehrarbeitsgrenze überschreitet.

Beachten Sie hierzu bitte auch den Praxistipp in Abschnitt 1.3.9.

1.3 Arbeitszeitpläne und wichtige Aspekte des Customizings

Arbeitszeitpläne werden dem Mitarbeiter als *Arbeitszeitplanregel* in Infotyp *0007* zugeordnet. Arbeitszeitplanregeln stellen einen Kernpunkt der Zeitwirtschaft dar. Sie bilden u. a. die Basis für die Ermittlung von

- Salden (z. B. Gleitzeitsaldo),
- Zeitlohnarten (relevant oder irrelevant für die Entgeltabrechnung) oder
- An- und Abwesenheiten (z. B. Urlaub).

Auch in anderen Bereichen des SAP-HCM-Moduls spielen Arbeitszeitplanregeln und die im Infotyp *0007* »Sollarbeitszeit« hinterlegten Informationen eine wichtige Rolle, beispielsweise in der Abrechnung zur Entgeltkürzung bei unbezahlten Abwesenheiten.

Nachfolgend werden wir Ihnen die Elemente einer Arbeitszeitplanregel und deren schematischen Aufbau erläutern, ergänzt um Tipps aus der praktischen Erfahrung und einige juristische Hinweise.

1.3.1 Grundlagen

Arbeitszeitplanregeln setzen sich aus verschiedenen Elementen zusammen, die in mehreren Tabellen definiert werden. In diesen werden die Einträge gruppiert und die Gruppierungen wiederum auf Basis der organisatorischen Merkmale »Personalbereich« und »Mitarbeiterkreis« definiert.

Mittels dieser Gruppierungen können Sie Unternehmens- bzw. Mitarbeiterstrukturen abbilden. Ob sich hier getrennte Gruppierungen jedes einzelnen Personalteilbereichs oder eine Zusammenfassung mehrerer Personalteilbereiche/Mitarbeiterkreise in einer einzigen Gruppierung anbieten, ist von Ihrer Unternehmensstruktur abhängig und sollte in der Konzeptionsphase eines Zeitwirtschaftsprojekts berücksichtigt werden.

! Tabellengruppierungen

Die Tabellengruppierungen sind Teil der grundlegenden Systemstruktur und nicht zeitabhängig definierbar. Dies bedeutet, dass Sie einmal gewählte Gruppierungswerte in der Regel nur mit hohem Aufwand wieder ändern können.

Arbeitszeitplanregeln setzen sich aus verschiedenen Elementen (Tabellen) zusammen, die in ihrer Summe alle relevanten Informationen über das Arbeitszeitmodell enthalten:

- Tabellengruppierungen,
- Arbeitspausenplan (V_T550P),
- Tagesarbeitszeitplan (V_T550A),
- Periodenarbeitszeitplan (V_T551A)
- Feiertagskalender.

Die einzelnen Elemente werden in einer Arbeitszeitplanregel zusammengeführt; mit deren Generierung wird sie in Form von Monatsarbeitszeitplänen über den gewählten Zeitraum ausgerollt.

Die Arbeitszeitplanregel kann den Mitarbeitern anschließend im Infotyp *0007* zugeordnet werden. Hierdurch entsteht bei jedem Einzelnen ein persönlicher Schichtplan (PSP), der die definierten Pausenzeiten, Arbeitstage, arbeitsfreien Tage, Feiertage, Sollarbeitszeiten, Rahmenzeiten etc. enthält. Dieser Schichtplan bildet die Basis für die Bewertung von Arbeitszeiten, Fehlzeiten oder sonstigen An- und Abwesenheiten.

1.3.2 Personalteilbereiche gruppieren

In der Tabelle *V_001P_N* wird für jede Kombination aus Personalbereich und -teilbereich eine Gruppierung für Arbeitszeitpläne vergeben. Einheitliche Gruppierungen können verwendet werden, um Personalteilbereiche zusammenzufassen, die die gleichen Arbeitszeitplanregeln verwenden.

Abbildung 1.1 zeigt im Überblick die Customizingschritte zum Anlegen von Arbeitszeitplänen.

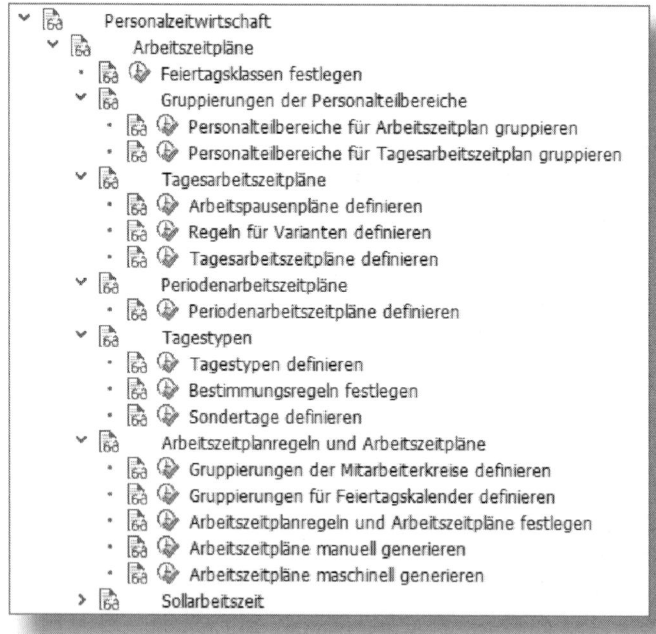

Abbildung 1.1: IMG-Pfad Arbeitspläne anlegen

Die GRUPPIERUNG DER PERSONALTEILBEREICHE • ... FÜR TAGESARBEITSZEITPLÄNE ... ist für den Fall vorgesehen, dass Personalteilbereiche mit unterschiedlichen Gruppierungen für Arbeitszeitpläne dieselben Tagesarbeitszeitpläne verwenden sollen. Die Einstellungen in Tabelle *T508Z* erfolgen somit in Abhängigkeit zu den Gruppierungen in Tabelle V_001P_N. Die Funktionalität wird in der Praxis eher wenig genutzt.

1.3.3 Feiertagskalender

Der Feiertagskalender spielt in der SAP-Zeitwirtschaft eine zentrale Rolle. Er bildet die Grundlage für die Definition und Generierung der Arbeitszeitplanregeln und ist relevant für die

- Vergütung von Arbeitszeiten bzw. Ausfallzeiten,
- Abwesenheitsauszählung,
- Regeln für Tagesarbeitszeitplanvarianten,
- Bestimmung von Tagestypen.

Die Bearbeitung des Feiertagskalenders sowie der Feiertage (Abbildung 1.2) ist über den IMG-Pfad PERSONALZEITWIRTSCHAFT • ARBEITSZEITPLÄNE • FEIERTAGSKLASSEN FESTLEGEN oder direkt über die Transaktion *SCAL* aufzurufen.

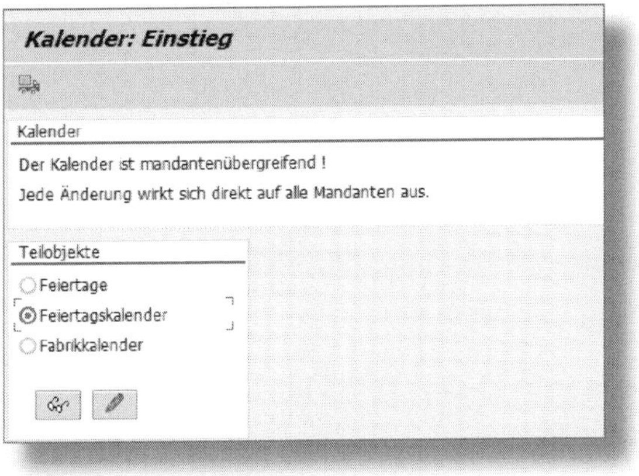

Abbildung 1.2: Feiertagskalender anpassen

Die Feiertagskalender für die deutschen Bundesländer enthalten im SAP-Standard die FEIERTAGSKLASSEN *1* für alle »ganztägigen« Feiertage und *2* für den 24.12. und 31.12., wie in Abbildung 1.3 dargestellt.

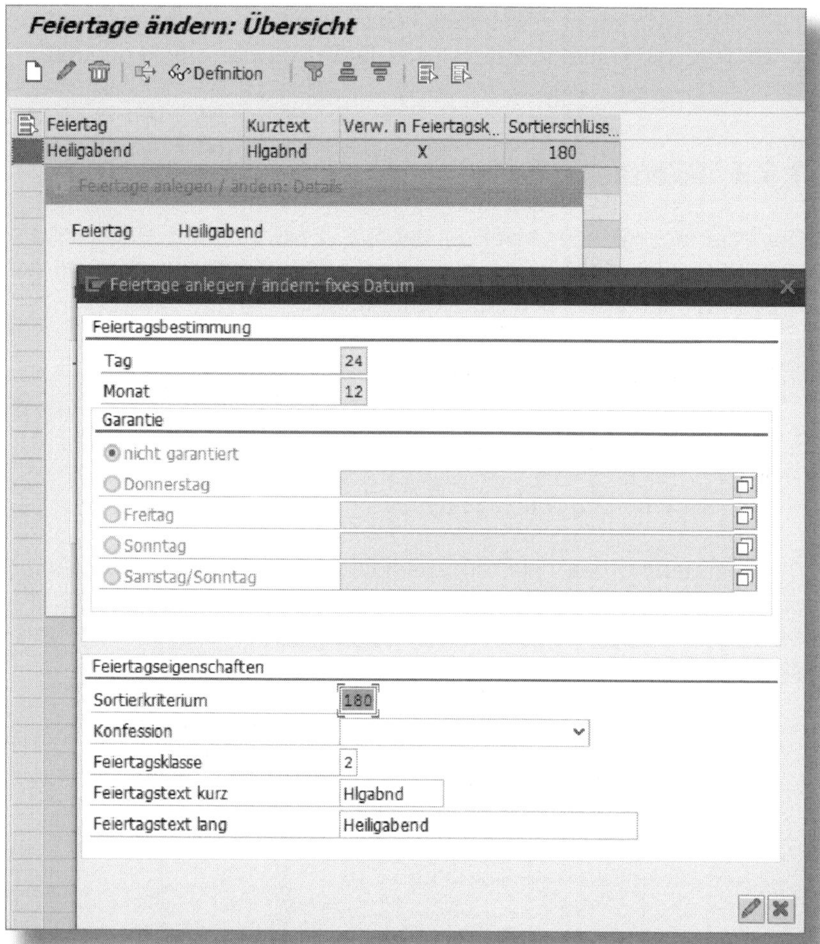

Abbildung 1.3: Feiertag und Feiertagsklasse

Diese Grundeinstellungen zum Feiertagskalender lassen sich an die Kundenbedürfnisse anpassen.

Um abweichende Zuschläge an einem »hohen« Feiertag, beispielsweise am ersten Mai, auszulösen, ordnen Sie dem ersten Mai die FEIERTAGSKLASSE *3* zu. In der Lohnartengenerierungstabelle *V_T510S* (siehe Abschnitt 2.4.3) wird anschließend für diese Feiertagsklasse der höhere Zuschlag hinterlegt.

Zuschlagsvergütung von Sonn- und Feiertagen

Grundsätzlich bestimmt sich die Vergütung ausgefallener Arbeitszeit an Feiertagen nach dem Entgeltfortzahlungsgesetz (EFZG). So können die Arbeitsvertrags- und Tarifparteien von der Entgeltfortzahlungspflicht an Sonn- und Feiertagen gemäß § 2 EFZG nicht abweichen.

Wird an Sonn- oder Feiertagen gearbeitet, hat der Arbeitnehmer keinen gesetzlichen Anspruch auf einen Entgeltzuschlag (Ausnahme: Besatzungsmitglieder eines Seeschiffs), sondern lediglich auf einen Ersatzruhetag (§ 11 Abs. 2 ArbZG). Dieser kann an jedem arbeitsfreien Werktag gewährt werden, sodass bei einer betriebsüblichen Fünftagewoche (Mo–Fr) der Ersatzruhetag auch auf einen ohnehin arbeitsfreien Samstag fallen kann. Gleiches gilt für Jugendliche, die einen Anspruch auf einen Freizeitausgleich haben.

Arbeit an Sonn- oder Feiertagen ist jedoch meist in Tarifverträgen und Betriebsvereinbarungen oder auch einzelvertraglich geregelt. Hier finden sich in der Regel Vorschriften für die Zuschlagsvergütung an Sonn- oder Feiertagen oder einen für Arbeit an Feiertagen zu gewährenden besonderen Freizeitausgleich.

In diesem Fall empfehlen sich immer ein genauer Blick in die Definition der Feiertagsklassen und Lohnartengenerierung der SAP-Zeitauswertung sowie ein Abgleich mit den kollektivrechtlichen oder einzelvertraglichen Vereinbarungen. Die Erfahrung zeigt, dass sich an dieser Stelle häufig Fehler in der Zuschlagsgenerierung einschleichen.

Feiertagszuschläge

Ist beispielsweise tarifvertraglich eine Vergütung von gesetzlichen Feiertagen mit Feiertagszuschlägen vorgesehen, so findet diese Vorschrift keine Anwendung auf Oster- und Pfingstsonntag. Diese Sonntage sind zwar kirchliche, jedoch nicht zugleich gesetzliche Feiertage. Sie sind deshalb aus arbeitszeitgesetzlicher und tarif- bzw. arbeitsvertraglicher Sicht als »normale« Sonntage mit entsprechend niedrigerer Zuschlagsvergütung anzusehen (Ausnahme: das für den Beschäftigungsort maßgebliche Landesrecht, oder der anwendbare Tarifvertrag behandelt diese Tage als Feiertage). Oster- und Pfingstsonntag sind in den Feiertagskalendern des SAP-Standards jedoch als Feiertage mit Feiertagsklasse *1* hinterlegt.

Stimmt beispielsweise in einem Dreischichtbetrieb die Arbeitszeit nicht mit dem Feiertag als Kalendertag (grundsätzlich 0–24 Uhr) überein, kann nur der ausfallende Feiertag zu vergüten sein, nicht jedoch die in den Kalenderfeiertag hineinragende Schicht.

Sieht ein Tarifvertrag eine Zuschlagsvergütung für »geleistete« Arbeitszeit vor, so kann dieser Wortlaut eine Zuschlagsvergütung für ausgefallene Arbeitszeit am Feiertag obsolet machen; hier sind der genaue Wortlaut des Tarifvertrags und eine entsprechende Auslegung entscheidend.

Neben diesen Beispielen finden sich noch sehr viele weitere, oft tarifvertrags- oder unternehmensspezifische Facetten, die eine laufende Kontrolle der Zuschlagsvergütungen im Abgleich mit den tatsächlichen rechtlichen Vorschriften sinnvoll machen. Die Rechtsprechung ist hier in ständiger Bewegung und insbesondere historisch gewachsene Systeme sind anfällig; bei Redesignprojekten oder Neueinführungen gehört eine professionelle Berücksichtigung dieser Aspekte zu jedem gut aufgesetzten und erfolgreichen Projekt.

Aufgrund der hohen Fallzahl – insbesondere in großen Unternehmen – können sich ohne rechtliche Verpflichtung ausgezahlte Zuschlagsvergütungen zu beträchtlichen, jährlich wiederkehrenden Summen addieren.

1.3.4 Arbeitspausenpläne

Die Vorschriften des § 4 Arbeitszeitgesetz bestimmen, dass grundsätzlich nach spätestens sechs Stunden Arbeitszeit diese für mindestens 30 Minuten unterbrochen werden muss, bei einer Arbeitszeit von mehr als neun Stunden für weitere 15 Minuten. Die Pausen dürfen in Teilpausen von jeweils einer Viertelstunde aufgeteilt werden.

In der Praxis findet sich eine Vielzahl unternehmensspezifischer Pausenregelungen, die von dieser grundsätzlichen gesetzlichen Regelung abweichen. Dies ist in den Fällen zulässig, in denen der Mitarbeiter im Vergleich zur gesetzlichen Regelung nicht schlechter gestellt oder die gesetzlichen Mindestvorschriften nicht verletzt werden.

Pausen lassen sich im SAP-System als »fix« (siehe Abbildung 1.4, Pause *BSP1*) oder »dynamisch« (*BSP3*) oder als Pausenzeit innerhalb eines Pausenkorridors (*BSP4*) definieren, unterschieden in BEZAHLT (hier *BSP2*) oder UNBEZAHLT.

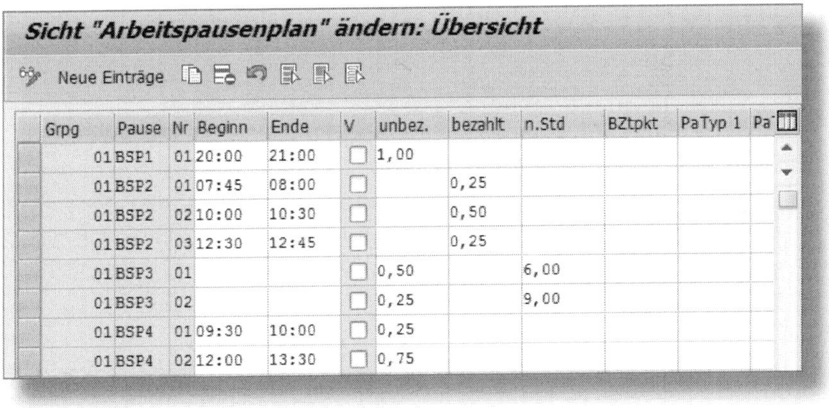

Sicht "Arbeitspausenplan" ändern: Übersicht

Neue Einträge

Grpg	Pause	Nr	Beginn	Ende	V	unbez.	bezahlt	n.Std	BZtpkt	PaTyp 1	Pa
01	BSP1	01	20:00	21:00	☐	1,00					
01	BSP2	01	07:45	08:00	☐		0,25				
01	BSP2	02	10:00	10:30	☐		0,50				
01	BSP2	03	12:30	12:45	☐		0,25				
01	BSP3	01			☐	0,50		6,00			
01	BSP3	02			☐	0,25		9,00			
01	BSP4	01	09:30	10:00	☐	0,25					
01	BSP4	02	12:00	13:30	☐	0,75					

Abbildung 1.4: Customizingoberfläche zum Arbeitspausenplan

Bei fixen Pausenplänen gilt, dass der Pausenabzug, also der Abzug der Pausenzeit von der tatsächlichen Arbeitszeit, exakt zu den vorgegebenen Uhrzeiten erfolgt. Arbeitet der Mitarbeiter zu diesen Uhrzeiten nicht, wird keine Pausenzeit gebildet.

Als dynamische Pausen werden solche bezeichnet, für die im Arbeitspausenplan keine Beginn-/Endeuhrzeiten angegeben sind, jedoch im Feld NACH STD. eine Stundenanzahl festgelegt wird, nach der die Pause zu berechnen ist.

Der Zeitpunkt, ab dem diese Stundenanzahl zu rechnen ist, ist standardmäßig der Sollarbeitsbeginn des Tagesarbeitszeitplans. Bei Gleitzeit-Tagesarbeitszeitplänen werden in der Zeiterfassung die Sollarbeitsstunden anhand der Normalarbeitszeit berechnet. Dabei sind alle Pausen zu berücksichtigen, die innerhalb der Normalarbeitszeit liegen.

Daher kann es bei Gleitzeit-Tagesarbeitszeitplänen mit großem Gleitzeitrahmen passieren, dass dynamische Pausen außerhalb der Normalarbeitszeit liegen und bei der Berechnung der Sollarbeitsstunden nicht berücksichtigt werden.

Über das Feld BEZUGSPUNKT FÜR DYNAMISCHE PAUSE legen Sie fest, ob dynamische Pausen anhand der Soll- oder der Normalarbeitszeit ermittelt werden sollen.

☛ Dynamische Pausenregelung

In vielen Fällen führt eine dynamische Pausenbildung anhand des Beginns von Soll- bzw. Normalarbeitszeit zu fehlerhaften Ergebnissen. Beginnt der Mitarbeiter z. B. seine Arbeit zwischen dem Anfang der Rahmenzeit und der Normalarbeitszeit (also innerhalb des Gleitzeitrahmens), so muss die Positionierung der Pausenzeit anhand des exakten Arbeitszeitbeginns vorgenommen werden.

Dies können Sie mithilfe der Funktion DYNBR, verbunden mit einer Anpassung der SAP-Standard-Zeitart »T001 – Beginnuhrzeit dyn. Pausen« realisieren.

Bitte beachten Sie die Systemdokumentation zur Funktion DYNBR und den korrekten Einbau der Funktion im Zeitauswertungsschema. Die Zeitart T001 kann über eine separate Rechenregel an den tatsächlichen Arbeitszeitbeginn angepasst werden.

! Pause am Ende der Sollarbeitszeit

Wird einem Tagesarbeitszeitplan ein Pausenplan zugeordnet, in dem der Beginn einer darin enthaltenen Pause mit dem Ende des Tagesarbeitszeitplans übereinstimmt, so verlängert sich die Arbeitszeit des Tagesarbeitszeitplans um die Dauer der Pausenzeit (Fehler in der SAP-Logik).

Dies kann zu unerwünschten Ergebnissen und fehlerhaften Zeitauswertungen führen.

Gesetzliche Mindestpausenzeit

In der Praxis zeigen sich immer wieder Unsicherheiten in der Interpretation der Vorschriften von § 4 ArbZG »Ruhepausen«. So wird häufig diskutiert, ob die nach sechs Stunden Arbeitszeit einzulegende Ruhepause mit einer Dauer von 30 Minuten immer in voller Höhe oder wenigstens mit einer Mindestdauer von 15 Minuten von der Anwesenheitszeit abgezogen werden muss.

Beträgt die geleistete Anwesenheitszeit am Arbeitsplatz bis zu 6,0 Arbeitsstunden oder überschreitet sie 6,5 Arbeitsstunden, ist die Sachlage eindeutig. Im ersten Fall muss gemäß arbeitszeitgesetzlicher Bestimmungen keine Pause eingelegt werden, im zweiten Fall muss eine halbstündige Pause spätestens in der Zeitspanne 6,0 h bis 6,5 h nach Arbeitsbeginn eingelegt werden.

Liegt die Anwesenheitszeit des Mitarbeiters jedoch genau zwischen diesen beiden Werten, führt dies zu unterschiedlichen Interpretationen:

- Variante 1:
  Bei einer Anwesenheitszeit von 6:13 Stunden ist die volle Pausenzeit in Höhe von 30 Minuten abzuziehen. Es ergibt sich eine Arbeitszeit von 5:43 Stunden.

- Variante 2:
  Bei einer Anwesenheitszeit von 6:13 Stunden liegt der korrekte Pausenabzug bei 15 Minuten, da eine Arbeitsunterbrechung von einer Viertelstunde gemäß § 4 Abs. 2 ArbZG als berücksichtigungsfähige Ruhepause gilt: »Die Ruhepausen nach Satz 1 können in Zeitabschnitte von jeweils mindestens 15 Minuten aufgeteilt werden.« Es ergibt sich eine Arbeitszeit von 5:58 Stunden.

- Variante 3:
  Bei einer Anwesenheitszeit von 6:13 Stunden liegt der korrekte Pausenabzug bei 13 Minuten. Es ergibt sich eine Arbeitszeit von 6:00 Stunden.

Die Beispiele gelten analog auch für die Mindestpausenzeit von 0,25 h nach 9,0 Stunden Arbeitszeit.

Diese unterschiedlichen Meinungen bedürfen einer rechtlichen Einordnung und Diskussion. Von der Entscheidung für eine der genannten Varianten hängt immerhin die automatisierte tägliche Pausenbildung ab, die großen Einfluss auf die Ermittlung der geleisteten täglichen Arbeitszeit, die Saldenbildung und die Zeitlohnartengenerierung hat.

Rechtsvorschriften des § 4 ArbZG

Gesetzestext § 4 ArbZG:

> *»Die Arbeit ist durch im Voraus feststehende Ruhepausen von mindestens 30 Minuten bei einer Arbeitszeit von mehr als sechs bis zu neun Stunden und 45 Minuten bei einer Arbeitszeit von mehr als neun Stunden insgesamt zu unterbrechen. Die Ruhepausen nach Satz 1 können in Zeitabschnitte von jeweils mindestens 15 Minuten aufgeteilt werden. Länger als sechs Stunden hintereinander dürfen Arbeitnehmer nicht ohne Ruhepause beschäftigt werden.«*

Die Bestimmungen des § 4 ArbZG lauten demnach:

- Die Ruhepausen müssen im Voraus feststehen.
- Die Ruhepause muss mindestens 30 Minuten betragen bei einer Arbeitszeit zwischen sechs und neun Stunden.

- Die Ruhepause muss mindestens 45 Minuten betragen bei einer Arbeitszeit von mehr als neun Stunden.
- Die Arbeitszeit ist zu unterbrechen.
- Ruhepausen können in Viertelstunden-Einheiten aufgeteilt werden.
- Arbeitszeit ohne Pause ist nur bis zu sechs Stunden zulässig.

! Grundproblematik der fiktiven Systempause

Pausenzeit ist nicht aufzeichnungspflichtig im Sinne des § 16 Abs. 2 ArbZG. Maßgeblich für die Einhaltung der Pausenvorschriften des Arbeitszeitgesetzes ist die tatsächlich eingelegte Pausenzeit seitens des Arbeitnehmers.

Für die SAP-Zeitauswertung ist die korrekte Berechnung und Positionierung von Pausenzeit jedoch entscheidend, um die geleistete Arbeitszeit korrekt zu ermitteln (Aufzeichnungspflicht gemäß § 16 Abs. 2 ArbZG) und die Zeitlohnartenbildung und Vergütung des Mitarbeiters korrekt durchzuführen.

Die Gesetzesvorschrift enthält – zum Zeitpunkt der Veröffentlichung dieses Buches – keine explizite Regelung für den Fall, dass ein Arbeitnehmer länger als sechs bzw. neun Stunden arbeitet bzw. anwesend ist und während der dann einzulegenden Pausenzeit seinen Arbeitstag beendet. Hier muss die Rechtsvorschrift entsprechend ausgelegt werden, sodass die nachfolgenden Ausführungen lediglich die unverbindliche persönliche Auffassung der Autoren darstellen.

Verstöße gegen § 4 ArbZG

Es ist zunächst festzuhalten, dass Pausenzeit keine Arbeitszeit im Sinne des Arbeitszeitgesetzes ist (abgesehen vom Bergbau unter Tage gemäß § 2 Abs. 1 Satz 3 ArbZG).

Die oben beschriebene Interpretation des § 4 ArbZG verstößt in den beschriebenen Varianten 1 und 2 gleich mehrfach gegen die enthaltenen Vorschriften:

- Wenn die Pausenzeit abhängig von der Endestempelung des Arbeitstages abgezogen wird, steht diese nicht im Voraus fest, sondern bewegt sich »dynamisch« um die Endestempelung des Mitarbeiters. Ist mit dem Arbeitnehmer ein »Pausenkorridor« vereinbart, so kann die Pausenzeit in diesem zeitlichen Rahmen zwar flexibel eingelegt werden; eine Pause in Abhängigkeit von der Endestempelung dürfte jedoch der Logik der Rechtsnorm widersprechen.
- Die vom Mitarbeiter eingelegte Pause liegt nach der geleisteten Arbeitszeit in Höhe von 6,0 Stunden. Die Arbeitszeit wird hierdurch nicht unterbrochen. Eine Unterbrechung würde eine anschließende Fortsetzung der Arbeitszeit bedingen. Durch Abzug der vollen 30-Minuten-Pause wird dieser Sachverhalt jedoch nicht »geheilt«; die Pause unterbricht weiterhin nicht die Arbeitszeit, sondern liegt an deren Ende.
- Der Mitarbeiter leistet eine tatsächliche (gemäß § 4 ArbZG zulässige) Arbeitszeit von sechs Stunden, die er durch die anschließende, unvollständige Pause nicht mehr fortsetzt. Durch einen rückwirkenden Pausenabzug von 30 Minuten wird seine zu diesem Zeitpunkt bereits tatsächlich geleistete Arbeitszeit gemindert. Der Mitarbeiter verliert ohne Rechtsgrund den entsprechenden Anspruch auf vergütungspflichtige Arbeitszeit im Sinne des § 611 BGB.
- Gleiches gilt auch für eine entsprechende Handhabung der 15-Minuten-Pause nach neun Stunden Arbeitszeit.

Die Gründe für die in den Varianten 1 und 2 beschriebenen Interpretationen der Rechtsvorschriften dürften vielfältig sein. Diese können in einer – hier angenommenen – Fehlinterpretation des § 4 ArbZG liegen, wirtschaftliche Ursachen haben oder auf Bedenken zurückgehen, als Arbeitgeber einen vermeintlichen Pausenverstoß (nämlich die fehlende Einhaltung der Mindestpausenzeit) und damit eine Ordnungswidrigkeit zu dokumentieren.

Jedoch dürfte gerade ein rückwirkender Pausenabzug mit einer Minderung der vom Arbeitnehmer tatsächlich geleisteten Arbeitszeit de facto eine Falschdokumentation und genau die Ordnungswidrigkeit darstellen, die man mit dem »vollen« Pausenabzug vermeiden will.

Die Überwachung der Einhaltung der zwingenden gesetzlichen Vorschriften zur Arbeitszeit und der Pausenzeiten obliegt den Gewerbeaufsichtsämtern und den nach jeweiligem Landesrecht zuständigen Stellen. Verstöße werden nach Maßgabe der jeweiligen Gesetze im öffentlichen Interesse als Ordnungswidrigkeiten verfolgt und können mit Geldbußen und sogar Freiheitsstrafen belegt werden. Vergleichsweise geringe Geldbußen für einzelne Verstöße können bei entsprechend hoher Fallzahl – die insbesondere bei systematischen Pausenverstößen bzw. Falschdokumentationen zu erwarten sind – zu empfindlichen Summen anwachsen.

Ferner lassen sich unter Umständen auch Schadensersatzansprüche des Mitarbeiters hinsichtlich der Vergütung »gekappter« Arbeitszeit ableiten.

Der korrekte Pausenabzug in der Praxis

Der Arbeitgeber ist gemäß Arbeitszeitgesetz verpflichtet, seinem Mitarbeiter nach einer Arbeitszeit von höchstens sechs Stunden eine Pause von 30 Minuten zu gewähren. Ist der Mitarbeiter z. B. 6:13 h an seinem Arbeitsplatz, stellt sich zunächst die Frage, ob die überschüssigen 13 Minuten noch Arbeitszeit oder bereits Pausenzeit waren.

Trifft Ersteres zu, so liegt ein schutzrechtlicher Pausenverstoß vor; der Arbeitgeber, der eine solche Arbeitszeitgestaltung zulässt, kann hierdurch eine Ordnungswidrigkeit begehen und beispielsweise im Falle eines Arbeitsunfalls innerhalb der vorgeschriebenen Pausenzeit in haftungsrechtliche Schwierigkeiten geraten. Er muss die Arbeitszeit als angeordnete Arbeitszeit oder Mehrarbeit deklarieren.

Waren die 13 Minuten Pausenzeit, so liegt der oben beschriebene Sonderfall vor, der nicht explizit im Gesetzestext geregelt ist. In diesem Fall müssen nach Auffassung der Autoren genau diese 13 Minuten als Pausenzeit bei einer verbleibenden Arbeitszeit von 6,0 Stunden gewertet werden. Es darf kein darüber hinausgehender Pausenabzug erfolgen. Auch hierbei kann weiterhin ein arbeitsschutzrechtlicher (und bußgeldrelevanter) Verstoß vorliegen. Ob der Mitarbeiter vergütungsrechtlich einen Anspruch auf Bezahlung der gewerteten Pausenzeit (im Beispiel 13 Minuten) geltend machen kann, hängt davon ab, ob er auf Anordnung des Arbeitgebers gearbeitet hat.

Technisch sind alle Varianten des Pausenabzugs einstellbar, der SAP-Standard sieht einen Pausenabzug gemäß Variante 3 vor.

Mindestpausenabzug im SAP-Standard

Die Überwachung des gesetzlichen Mindestpausenabzugs erfolgt in einer Unterroutine (SAP-Standardschema *TF20*) des Zeitauswertungsprogramms *RPTIME00*. Diese ist bei der Verwendung von Tagesarbeitszeitplänen ohne darin hinterlegte Pausenpläne oder auch als reines Überwachungs- und Korrekturwerkzeug sinnvoll.

Die Unterroutine ermittelt systemlogisch aus der geleisteten Arbeitszeit den gemäß Arbeitszeitgesetz notwendigen Pausenabzug und berechnet korrekt fehlende Pausenzeiten.

Diese werden jedoch systemseitig vom Ende der gesamten Arbeitszeit abgezogen, nicht in den exakten Pausenfenstern (d. h. 30 Minuten nach sechs Stunden, weitere 15 Minuten nach neun Stunden Arbeitszeit).

Es können sich daraus Fehler ergeben, wenn die Arbeitszeit zuschlagspflichtig ist, beispielsweise in einer Spätschicht mit Nachtzuschlägen ab 20:00 Uhr.

Problematik Pausenabzug im Standard

Beginnt die Spätschicht um 13:00 Uhr und arbeitet der Mitarbeiter bis 21:00 Uhr, so führt ein erst am Ende der Arbeitszeit mit Standardschema TF20 vorgenommener Pausenabzug in Höhe von 30 Minuten zu Zuschlagsfehlern:

Die unbezahlte Pausenzeit liegt fälschlich im Zeitraum von 20:30 bis 21:00 Uhr – für diesen Zeitraum würden keine Zuschläge gebildet; tatsächlich korrekt wäre jedoch ein Pausenabzug gemäß ArbZG nach sechs Stunden, also von 19:00 bis 19:30 Uhr. Die Arbeitszeit von 20:00 bis 21:00 Uhr wäre demnach voll zuschlagspflichtig. Abbildung 1.5 zeigt die entsprechende Systematik.

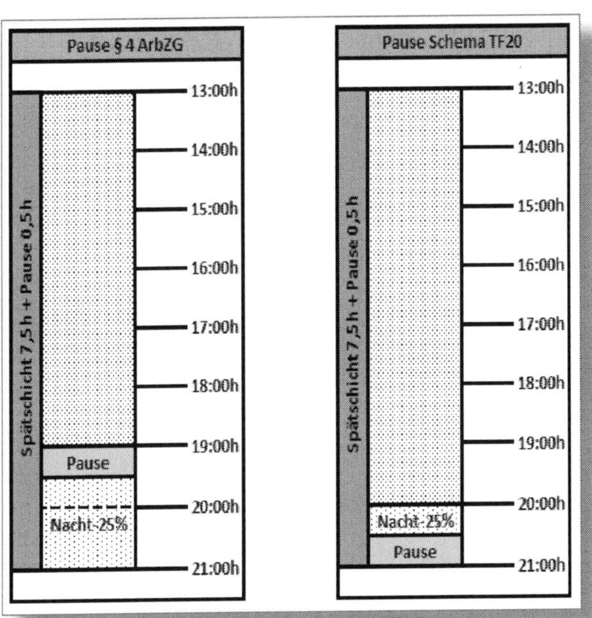

Abbildung 1.5: Korrekter Pausenabzug vs. TF20

Abhilfe schafft hier entweder die Hinterlegung eines korrekten Pausenplans im Tagesarbeitszeitplan oder die Überarbeitung des Standardschemas TF20; dieses kann durch Umwandlung in ein Kundenschema mit korrekt programmierten Rechenregeln zum Arbeitszeitrecht konform konfiguriert werden.

1.3.5 Tagesarbeitszeitpläne

Die in Tabelle *T550A* abgelegten Tagesarbeitszeitpläne (TAZPL) sind ein Baustein eines Arbeitszeitplans und enthalten neben der täglichen Sollarbeitszeit (siehe Abbildung 1.6) weitere Felder mit wichtigen Inhalten.

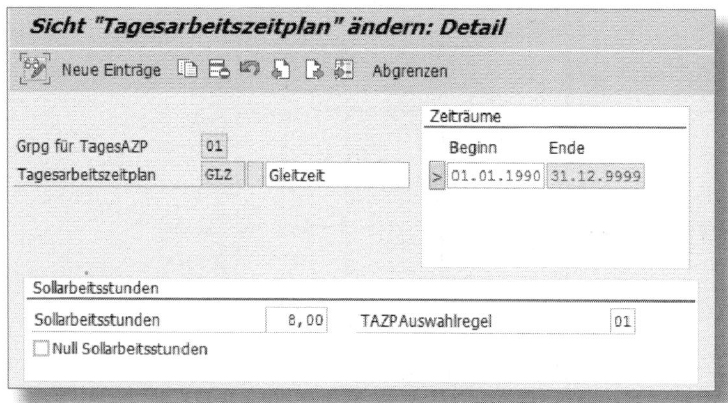

Abbildung 1.6: Customizing Tagesarbeitszeitplan, Sollzeit

Gruppierung Personalteilbereiche Tagesarbeitszeitpläne (GRPG FÜR TAGESAZP)

Dieses Feld bezieht sich auf die in Abschnitt 1.3.2 beschriebene Gruppierung der Personalteilbereiche für Tagesarbeitszeitpläne (Tabelle V_T001N in Verbindung mit T508Z). Die definierten Tagesarbeitszeitpläne sind für alle Personalteilbereiche gültig, deren Gruppierung hier hinterlegt wird.

TAGESARBEITSZEITPLAN

Dieses Feld enthält eine maximal vierstellige Identifikation des Tagesarbeitszeitplans. Sie kann – abhängig vom Customizing – im Zeitnachweisformular angedruckt werden.

Systematische Bezeichnung

Eine sprechende und systematische Bezeichnung der Tagesarbeitszeitpläne ist grundsätzlich sinnvoll und sollte in der Systemkonzeption berücksichtigt werden. Ob und in welchem Umfang dies möglich ist, hängt allerdings von der Größe des Unternehmens und der Anzahl der abzubildenden Arbeitszeitpläne ab. Eine sprechende Nomenklatur kann hier an Grenzen stoßen und nicht mehr sinnvoll umsetzbar sein.

Bezeichnung von Tagesarbeitszeitplänen

Variieren Sie die Bezeichnung von Tagesarbeitszeitplänen für Teilzeit mit »T...«, für Vollzeit mit »V...« und von Drei-Schicht-Systemen mit »3S...«, liefert bereits das Zeitnachweisformular sichtbar mehr Informationen, wenn die prozessierten Tagesarbeitszeitpläne mit angedruckt werden.

Eine durchgängige kundenindividuelle Systematik macht die Stammdatenpflege für die Sachbearbeiter übersichtlicher und vereinfacht zudem technische Eingriffe und Wartungsarbeiten.

VARIANTE (einstelliges Feld)

In der Variante eines Tagesarbeitszeitplans können Sie einen vom zentralen Tagesarbeitszeitplan abweichenden Plan anlegen, der gemäß der entsprechenden Tagesarbeitszeitplanauswahlregel nur an bestimmten Tagen gültig ist.

Die Nutzung von Varianten hilft, das Customizing schlank zu halten, da nicht für jeden abweichenden Tag ein eigener Tagesarbeitszeitplan angelegt werden muss. Hierdurch lässt sich auch der mit vier Stellen knapp bemessene Namensraum für Tagesarbeitszeitpläne schonen.

Varianten des Tagearbeitszeitplans

Anhand der Bezeichnung einer Variante lässt sich das System – wie bei den Tagesarbeitszeitplänen – mit sprechenden Informationen versehen.

Dynamische Zuordnung von Varianten

Arbeit an einem ursprünglich freien Tag soll automatisch als Gleitzeitaufbau gewertet werden. Der Gleitzeitrahmen soll dem eines normalen Arbeitstages entsprechen. Der für diesen eingerichtete Tagesarbeitszeitplan hat die Bezeichnung *V401* (Vollzeit 40 h, laufende Nummer 1). Die Zuordnung der Varianten erfolgt in Abhängigkeit von der Stempelzeit über die dynamische Schichtzuordnung in *V_T552V*:

Die zu definierende Tagesarbeitszeitplanvariante erhält die Bezeichnung *F* im Sinne von »ursprünglich FREI«. Die vollständige Bezeichnung des Tagesarbeitszeitplans lautet nun *V401 F*.

Am Freitag beginnt der Mitarbeiter besonders früh, was eine Tagesarbeitszeitplanvariante mit nach vorn verschobenem Gleitzeitrahmen im Vergleich zum Tagesarbeitszeitplan V401 erfordert. Die zu definierende Variante erhält die Bezeichnung *5* im Sinne von »Wochentag Freitag«. Die Zuordnung erfolgt ebenfalls dynamisch.

Entsprechend der Vorgehensweise im Beispiel, lassen sich aus dem Zeitnachweisformular die Informationen direkt ablesen: Der Tag mit Variante »F« wurde als Arbeit an einem freien Tag bei einem 40-Stunden-Vollzeitarbeitszeitplan gewertet, der Tag mit Variante »5« als Arbeit mit verschobener Arbeitszeit an einem Freitag. Fehlerhafte Zuordnungen werden hierdurch schnell erkennbar, Systemverarbeitungen leicht nachvollziehbar und technische Arbeiten am System strukturiert wie auch vereinfacht.

Text zum Tagesarbeitszeitplan

Die Texte der Tagesarbeitszeitpläne sind frei wählbar und sollten sinnvollerweise Informationen zum Charakter des Tagesarbeitszeitplan enthalten. Für die Texte stehen maximal 15 Zeichen zur Verfügung; sie werden – sprachabhängig – in der Tabelle T550S gespeichert.

SOLLARBEITSSTUNDEN

Sollarbeitsstunden bestimmen das Zeitvolumen von Beginn bis zum Ende der täglichen Arbeit ohne Ruhepausen. Mit der Sollarbeitszeit wird im System definiert, welches Arbeitszeitvolumen der Mitarbeiter am jeweiligen Tag leisten muss und ab wann dieses rechnerisch überschritten wird.

Die Sollarbeitszeit leitet sich rechnerisch aus der Spanne zwischen Sollarbeitsbeginn und -ende (fixe Arbeitszeit) bzw. Normalarbeitszeitbeginn und -ende (Gleitzeit) abzüglich unbezahlter Pausen ab.

NULL SOLLARBEITSSTUNDEN

In diesem Feld werden Tagesarbeitszeitpläne ohne Sollstunden (arbeitsfreie Tage) gekennzeichnet. Das Feld wird automatisch gefüllt, sobald ein Plan ohne Sollarbeitsstunden definiert wird.

! Null-Sollstunden-Pläne

Bitte beachten Sie bei Arbeitszeitplanregeln, die als »Null Sollarbeitszeitpläne« – also vollständig ohne Vorgabe von Sollarbeitszeiten – angelegt werden, die entstehenden Schwierigkeiten in der Abwesenheitsbewertung und der Vergütung der (Mindest-)Arbeitszeit.

Enthält eine Arbeitszeitplanregel gemäß Arbeitsvertrag ausschließlich Tagesarbeitszeitpläne ohne Sollzeitvorgabe, so muss im Fall von Abwesenheiten (bezahlter Urlaub, Lohnfortzahlung im Krankheitsfall) mit Vertretungen über Infotyp *2003* mit passender Arbeitszeitvorgabe gearbeitet werden, um hierüber die ausgefallene Arbeitszeit zu erfassen und korrekte Zeitauswertungen und Entgeltabrechnungen zu erhalten.

Ist arbeitsvertraglich keine tägliche oder wöchentliche Arbeitszeit, sondern eine Arbeitsleistung entsprechend dem Arbeitsanfall (im SAP-System in der Regel als »Arbeitszeitplanregel ohne Sollarbeitszeit« definiert) vereinbart, so liegt kraft des Gesetzes eine »Arbeit auf Abruf« vor. Zum Schutz des Arbeitnehmers gelten dann die rechtsverbindlich unterstellten Arbeitszeiten gemäß § 12 Abs. 1, Satz 3 und 4 TzBfG (Teilzeit- und Befristungsgesetz), nämlich zehn Wochenstunden. Selbst wenn der Arbeitgeber weniger abruft, ist er zur Vergütung von zehn Wochenstunden verpflichtet (Bundesarbeitsgericht 5. Senat, Urteil vom 24.09.2014 – 5 AZR 1024/12), soweit keine andere Vereinbarung mit dem Arbeitnehmer getroffen wurde.

In der Zeitauswertung lassen sich diese Fälle identifizieren, indem z. B. die wöchentlichen Arbeitszeiten von Mitarbeitern ohne Sollarbeitszeit auf auswertungsfähige Zeitarten addiert werden. Diese können gezielt nach Werten kleiner als zehn Wochenstunden ausgewertet werden, sodass betroffene Mitarbeiter leicht identifizierbar sind. Bei Bedarf können auch entsprechende Hinweismeldungen (Tabelle T555E) über eine Personalrechenregel ausgelöst werden.

Tagesarbeitszeitplanauswahlregel (TAZPLAUSWAHLREGEL)

In Tabelle *T550X* definieren Sie Regeln zur Variantenbestimmung von Tagesarbeitszeitplänen. Diese werden sowohl bei der Erfassung von Abwesenheiten (Sicht V_550X_B) als auch bei der Generierung von Monatsarbeitszeitplänen (Sicht V_T550X) berücksichtigt.

☛ Regeln zur Variantenbestimmung

Regeln mit übereinstimmender Nummerierung in beiden Sichten der Tabelle T550X gelten auch für beide Zwecke, solche mit abweichender Nummerierung nur für den jeweiligen Verwendungszweck.

Der Block ARBEITSZEITEN in der Sicht V_T550A definiert die Lage der Arbeitszeit sowie die Pausenzeit, vgl. Abbildung 1.7.

SOLLARBEITSZEIT

Die Sollarbeitszeit beschreibt die Lage der Arbeitszeit eines Mitarbeiters.

Die Sollarbeitsstunden in Abbildung 1.6 berechnet das System anhand der in Abbildung 1.7 gezeigten Felder. In diesen Wert sind die bezahlten Arbeitspausen einbezogen.

Arbeitszeiten

fixe Arbeitszeit

Sollarbeitszeit		-	

Gleitzeit

Sollarbeitszeitrahmen	08:00	-	18:00
Normalarbeitszeit	08:00	-	17:00
Kernzeit 1	09:00	-	11:30
Kernzeit 2	14:00	-	16:00

Pausen

Arbeitspausenplan	GLZ

Toleranzzeiten

Beginn-Toleranz	07:55	-	08:00
Ende-Toleranz	18:00	-	18:05

Abbildung 1.7: Customizing Tagesarbeitszeitplan, Arbeitszeiten

Bei Gleitzeit-Tagesarbeitszeitplänen dienen die Sollarbeitszeitstunden als Information darüber, wie viele Stunden täglich im Durchschnitt gearbeitet werden sollten. Der Wert ermittelt sich aus den Angaben im Feld NORMALARBEITSZEIT abzüglich der unbezahlten Arbeitspausenzeiten. Bei allen anderen Tagesarbeitszeitplänen ergibt er sich aus den Angaben im Feld SOLLARBEITSZEIT mit entsprechendem Abzug.

SOLLARBEITSZEITRAHMEN

Der Sollarbeitszeitrahmen definiert den Bereich eines Gleitzeittagesarbeitszeitplans, in dem der Mitarbeiter seine tägliche Sollzeit erbringen muss. Dieser Plan ermöglicht dem Mitarbeiter, die zeitliche Lage der Arbeitsleistung innerhalb der festgelegten Gleitzeitspanne nach seinen Bedürfnissen und Wünschen festzulegen.

Zeiten, die innerhalb des Gleitzeitrahmens über die Sollstunden hinausgehen, werden in der Regel einem Zeitkonto gutgeschrieben.

NORMALARBEITSZEIT

Die als Normalarbeitszeit hinterlegten Beginn- und Endeuhrzeiten bilden die zeitliche Lage der regelmäßig zu leistenden Arbeitszeit ab.

Die hier definierten Zeiten werden z. B. bei der Auswertung von ganztägigen Abwesenheiten zur Bildung von *Zeitpaaren* (vgl. Abschnitt 2.4.1) zugrunde gelegt.

KERNZEIT 1/KERNZEIT 2

Die Kernzeit beschreibt die Zeitspanne(n), in der (denen) ein Mitarbeiter im Rahmen seines Gleitzeittagesarbeitszeitplans anwesend sein muss. Die Customizingoberfläche stellt hierzu zwei definierbare Kernzeiten je Tagesarbeitszeitplan zur Verfügung.

Verletzungen der Kernzeit(en) werden von der Zeitauswertung in Form einer Hinweismeldung angezeigt.

Kernzeitverletzungen

Wiederholte Kernzeitverstöße seitens des Mitarbeiters können arbeitsrechtliche Maßnahmen begründen. Um Kernzeitverstöße auf Reportbasis auswerten zu können, empfiehlt sich die Bildung entsprechender Zeitarten, die aus dem Abgleich der Arbeitszeit mit der Kernzeitspanne gefüllt werden.

Kernzeiten verlieren momentan an praktischer Bedeutung, da – zugunsten offener Gleitzeitregelungen – zunehmend auf sie verzichtet wird.

ARBEITSPAUSENPLAN

Die in Tabelle *T550P* (vgl. Abschnitt 1.3.4) definierten Pausenpläne stehen hier zur Auswahl und können den Tagesarbeitszeitplänen zugeordnet werden. Voraussetzung ist die übereinstimmende Gruppierung des Personalteilbereichs für Tagesarbeitszeitpläne.

BEGINN-TOLERANZ/ENDE-TOLERANZ

Toleranzzeiten sind frei definierbare Zeitspannen vor Beginn bzw. nach Ende der Sollarbeitszeit. Kommen- bzw. Gehen-Stempelungen, die innerhalb dieser Toleranzzeiten liegen, werden in der Zeitauswertung auf den Beginn bzw. das Ende der Sollarbeitszeit gesetzt.

Minimale Arbeitszeit (MINIMALE ARBZEIT)

Dieses Feld, dargestellt in Abbildung 1.8, dient der Überwachung von Mindestarbeitszeiten, die – wie bei den Kernzeiten beschrieben – in der Zeitauswertung verwendet werden.

Maximale Arbeitszeit (MAXIMALE ARBZEIT)

Den in diesem Feld angegebenen Wert können Sie wie die MINIMALE ARBZEIT auswerten und kundenspezifisch verwenden. Darüber hinaus hat das Feld eine wichtige weitere Funktion für die Zeitauswertung: Es übersteuert den Wert der *Konstanten TGMAX* in Tabelle *T511K* (Abrechnungskonstanten).

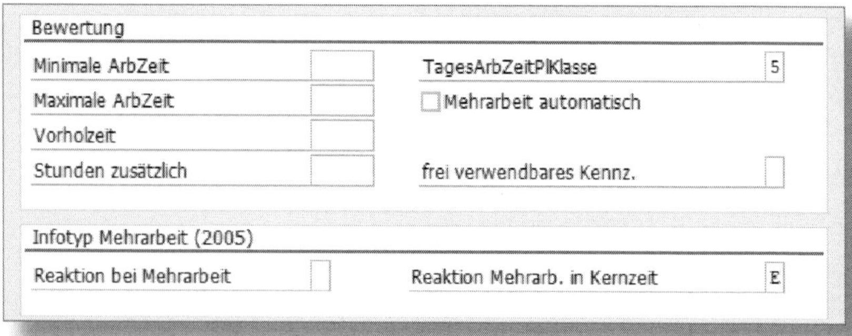

Abbildung 1.8: Customizing Tagesarbeitszeitplan, Bewertung

In der Konstanten *TGMAX* ist der Wert der pro Tag maximal zu wertenden Arbeitszeit hinterlegt. Arbeitszeiten werden innerhalb des Sollarbeitszeitrahmens nur bis zu diesem Wert ermittelt. Auch Mehrarbeit wird nur bis zu dieser Obergrenze gebildet.

☛ Konstante TGMAX

Hat die Konstante TGMAX den im SAP-Standardsystem definierten Wert von zwölf Stunden, so kann dieser Wert für den gewünschten Tagesarbeitszeitplan mit dem Feld MINIMALE ARBZEIT nach unten und oben »manipuliert« werden, z. B. mit dem Wert *10* entsprechend der Höchstarbeitszeitgrenze gemäß Arbeitszeitgesetz oder mit dem Wert *24* für eine entsprechende Deaktivierung der Arbeitszeitkappung und automatischen Mehrarbeitsermittlung.

Beachten Sie bei der Konfiguration Ihres Systems die rechtliche Problematik hinsichtlich der Kappung von Arbeitszeiten. Sind z. B. in Ihrem System Tagesarbeitszeitpläne mit einer maximalen Arbeitszeit von 10,0 Stunden definiert, werden in der Zeitauswertung die entsprechenden Zeitpaare als solche Überzeiten markiert, die in der Zeitlohnartengenerierung und der Saldenbildung der gewerteten Arbeitszeit nicht berücksichtigt werden.

! Kappung von Arbeitsstunden

Zu beachten ist, dass kollektivrechtlich (per Betriebsvereinbarung) eine wirksame Vereinbarung über die Kappung von Arbeitszeiten als betriebsseitige Vorgabe zur zulässigen Verteilung der Arbeitszeit geschlossen werden kann. Allerdings kann individualarbeitsrechtlich (also im direkten Vertragsverhältnis zwischen Arbeitgeber und Arbeitnehmer) dennoch eine Vergütungspflicht der gekappten Stunden vorliegen, wenn z. B. ein Tarifvertrag die Vergütung von Mehrarbeit regelt oder der Arbeitnehmer die gekappten Stunden auf Anordnung oder mit Billigung bzw. Duldung des Arbeitgebers geleistet hat (Bundesarbeitsgericht, Beschluss v. 10.12.2013 – 1 ABR 40/12). Bei Vorliegen tariflicher Bestimmungen zur Mehrarbeit haben die Betriebsparteien insoweit keinen weitergehenden Gestaltungsspielraum mehr.

Sie können im SAP-System die betreffenden Mitarbeiter durch eine gezielte Bildung reportingfähiger Zeitarten, die ausschließlich bei der Kappung von Arbeitszeit gefüllt werden, identifizierbar machen.

Anschließend sollten Sie Ihre Mehrarbeitsgenehmigungen so erweitern, dass die Kappungsgrenze der Arbeitszeit nach oben gesetzt oder deaktiviert werden kann. Hierdurch schaffen Sie die Möglichkeit, eine höhere bzw. die ganze Arbeitszeit vergütungspflichtig zu werten. Über die Stammdateneingabe wird im Übrigen dokumentiert, dass es sich in diesem Fall um vom Arbeitgeber genehmigte bzw. anerkannte Mehrarbeit handelt.

Vorholzeit

Im Feld Vorholzeit kann ein bestimmter Anteil der Sollarbeitsstunden definiert werden, etwa die Differenz zwischen der im Tarifvertrag vorgeschriebenen und der im Tagesarbeitszeitplan hinterlegten Sollarbeitszeitstunden.

In der Zeitauswertung lässt sich diese Vorholzeit mittels der dafür vorgesehenen Zeitarten *0800* (Vorholzeit), *0801* (Vorholzeitabbau) und *0802* (Vorholzeit Vormonat) verarbeiten und z. B. in einem Abwesenheitskontingent sammeln und abbauen.

STUNDEN ZUSÄTZLICH

In diesem Feld können Sie Zeitdauern hinterlegen, die den Mitarbeitern zusätzlich zu den im Tagesarbeitszeitplan angegebenen Sollstunden gutgeschrieben werden sollen. Es kann kundenspezifisch verwendet und im Rahmen der Zeitauswertung zur Berechnung von Zeitsalden genutzt werden, z. B. zur Ermittlung von Wegezeiten oder Zeiten zur Körperreinigung

Eine Standardverarbeitung der Werte in diesem Feld ist in der Zeitauswertung nicht vorgesehen; diese muss kundenspezifisch in das Zeitauswertungsschema aufgenommen werden.

Wegezeit

Die Verwendung des Feldes ZUSÄTZLICHE STUNDEN ergibt einen Sinn, wenn die gutzuschreibenden Zeiten nicht schon in der Stempel- bzw. in der vergüteten Arbeitszeit enthalten sind.

Am Beispiel »Wegezeiten« wird deutlich, wie differenziert die Zeitauswertung betrachtet werden sollte, denn Wegezeit ist – selbst wenn sie arbeitsschutzrechtlich z. B. bei der Überwachung der 10,0-Stunden-Höchstarbeitszeitgrenze der Arbeitszeit zugerechnet werden muss – nicht automatisch vergütungspflichtige Arbeitszeit.

Wegezeit ist weder unter dem Gesichtspunkt des Arbeitsschutzes noch dem der Vergütung gesetzlich geregelt. Jedoch können entsprechende Regelungen z. B. tarifvertraglich vorgeschrieben sein.

Wegezeit als Arbeitszeit

Ein Arbeitgeber stellt einem Mitarbeiter ein Firmenfahrzeug zur Verfügung, damit dieser mit anderen Kollegen einen auswärtigen

> Arbeitsort (z. B. eine Baustelle) aufsucht. Da der Mitarbeiter auf Anweisung des Arbeitgebers handelt, kann hier von einer stillschweigenden Vereinbarung der Entlohnung dieser Wegezeit ausgegangen werden. Die Arbeitszeit stimmt schutz- wie auch vergütungsrechtlich überein.
>
> Stellt der Arbeitgeber jedoch ein Firmenfahrzeug nur zur Verfügung und der Mitarbeiter steuert damit durch eigene Entscheidung oder auf Wunsch der mitgenommenen Kollegen den Arbeitsort an, kann hier von nicht vergütungspflichtiger Arbeitszeit ausgegangen werden; schutzrechtlich kann die Zeit jedoch sehr wohl zur Arbeitszeit im Sinne des Arbeitszeitgesetzes zählen. Handelt es sich hierbei um Dienstreisen und nicht nur um den Fahrtweg zwischen Wohnung und Betrieb, so muss ferner zwischen arbeitsvertraglicher Haupt- und Nebenleistung unterschieden werden. Im Rahmen dieses Buches wird dies nicht weiter erläutert.

Um diese Konstellation im Zeitauswertungssystem auswertbar zu machen (ggf. zur Vorlage bei Betriebsprüfungen), empfiehlt sich die Bildung unterschiedlicher reportingfähiger Salden im System, etwa mit einer Zeitart *Arbeitszeit vergütet* und zusätzlich der Zeitart *Arbeitszeit schutzrechtlich*.

Tagesarbeitszeitplanklasse (TagesArbZeitPlKlasse)

Mit der Tagesarbeitszeitplanklasse erhält der Tagesarbeitszeitplan ein weiteres Merkmal für detaillierte Verarbeitungen in der Zeitauswertung. Mit unterschiedlichen Tagesarbeitszeitplanklassen können die Zeitauswertung, die Zeitlohnartenauswahl und die An- oder Abwesenheitsauszählung differenziert gesteuert werden.

Tagesarbeitszeitplanklassen können im Zahlenfenster 0 bis 9 gekennzeichnet werden.

Die sinnvolle Verwendung von unterschiedlichen Tagesarbeitszeitplanklassen stellt aus konzeptioneller Sicht einen wichtigen Punkt einer stringenten und möglichst schlanken Systemlandschaft dar. Im SAP-

Standardsystem ist die Tagesarbeitszeitplanklasse »0« für arbeitsfreie Tage vorgesehen. Die übrigen Ziffern sollten Sie zielführend vergeben. Beispielhaft könnte die Systematik wie folgt sein:

0 – arbeitsfrei,

1 – Tagschicht,

2 – Spätschicht,

3 – Nachtschicht,

4 – Konti-Schicht (24/7),

5 – Teilzeit,

6 – geringfügig Beschäftigte usw.

Die sinnvollste Definition von Tagesarbeitszeitplanklassen ist sehr kundenspezifisch und somit im konkreten Anwendungsfall sorgfältig zu durchdenken.

Mehrarbeit automatisch

Dieses Feld dient in der Zeitauswertung der Generierung von Mehrarbeitszeit ohne zusätzliche Genehmigungsschritte.

Frei verwendbares Kennzeichen (Frei verwendbares Kennz.)

Dieses Kennzeichen können Sie im Standardsystem zwar füllen, jedoch nicht auslesen. Es steht keine Standardoperation zur Verfügung. Die Verwendung beschränkt sich daher auf kundeneigene Rechenoperationen oder sonstige Verwendungszwecke.

Reaktion bei Mehrarbeit/Reaktion bei Mehrarbeit in Kernzeit

Das Kennzeichen Reaktion bei Mehrarbeit ist nur für Gleitzeit-Tagesarbeitszeitpläne relevant. Anhand dieses Kennzeichens können Sie die Ausgabe von Meldungen steuern, wenn eine Mehrarbeit über Infotyp *2005* erfasst wird.

1.3.6 Periodenarbeitszeitpläne

Nach Fertigstellung der Tagesarbeitszeitpläne werden diese in den passenden Wochenrhythmus gebracht. Zu diesem Zweck stehen die *Periodenarbeitszeitpläne* zur Verfügung.

Diese können mit einem einfachen wöchentlichen, aber auch mit einem mehrwöchigen Umfang (theoretisch bis 999 Wochen) angelegt werden.

Um bei mehrwöchigen Arbeitszeitplänen den Zeitpunkt zu bestimmen, ab dem die übergeordnete Arbeitszeitplanregel den Periodenarbeitszeitplan abbildet und dem Mitarbeiter zielgenau zugeordnet werden kann (z. B. neu eingestellter Mitarbeiter, der sein Drei-Schicht-Modell in der Spätschichtwoche beginnt), verwenden Sie einen entsprechenden *Aufsetzpunkt* für den Periodenarbeitszeitplan. Diesen bestimmen Sie im Customizing der Arbeitszeitplanregel, indem Sie zunächst ein Bezugsdatum (z. B. einen Kalendertag am Montag) und darauf basierend einen Aufsetzpunkt im Periodenarbeitszeitplan definieren.

Bei der Generierung von Arbeitszeitplänen werden die Periodenarbeitszeitpläne über den ausgewählten Zeitraum unter Berücksichtigung des jeweiligen Feiertagskalenders ausgerollt.

Aufsetzpunkt bei Drei-Schicht-Plänen

Sie benötigen einen Drei-Schicht-Arbeitszeitplan, der passend für jede Schichtwoche zugeordnet werden kann.

Anforderung:

- Wechselschicht im Drei-Schicht-Rhythmus,
- Arbeitstage Montag–Freitag,
- Schichtwechsel wöchentlich früh/spät/Nacht.

Sie benötigen drei Arbeitszeitplanregeln A, B, C mit demselben Periodenarbeitszeitplan; jede dieser drei Arbeitszeitplanregeln erhält einen um eine Woche versetzten Aufsetzpunkt im Periodenarbeitszeitplan: Sie definieren als Bezugsdatum den 04.12.2023 (Montag)

- in Arbeitszeitplanregel A mit dem Aufsetzpunkt *001*,
- in Arbeitszeitplanregel B mit dem Aufsetzpunkt *008* (sieben Tage versetzt),
- in Arbeitszeitplanregel C mit dem Aufsetzpunkt *015* (weitere sieben Tage versetzt).

Das Bezugsdatum dient lediglich als technischer Bezugspunkt und spielt keine Rolle für die Auswahl des Generierungszeitraums. Dieser kann vorher, gleichzeitig oder später beginnen.

Beim Erzeugen der Arbeitszeitplanregeln wird der hinterlegte, identische Periodenarbeitszeitplan nun wochenversetzt über den Generierungszeitraum aufgerollt.

Abbildung 1.9 zeigt verschiedene Periodenarbeitszeitpläne.

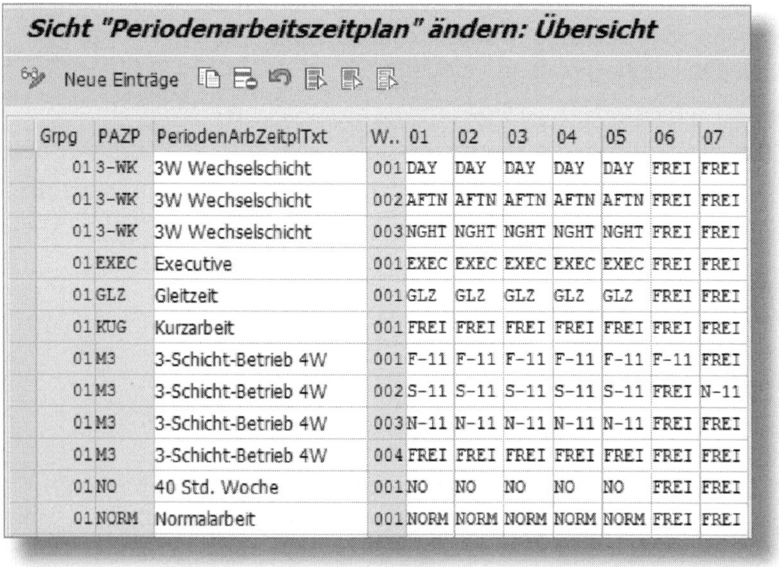

Sicht "Periodenarbeitszeitplan" ändern: Übersicht

Neue Einträge

Grpg	PAZP	PeriodenArbZeitplTxt	W..	01	02	03	04	05	06	07
01	3-WK	3W Wechselschicht	001	DAY	DAY	DAY	DAY	DAY	FREI	FREI
01	3-WK	3W Wechselschicht	002	AFTN	AFTN	AFTN	AFTN	AFTN	FREI	FREI
01	3-WK	3W Wechselschicht	003	NGHT	NGHT	NGHT	NGHT	NGHT	FREI	FREI
01	EXEC	Executive	001	EXEC	EXEC	EXEC	EXEC	EXEC	FREI	FREI
01	GLZ	Gleitzeit	001	GLZ	GLZ	GLZ	GLZ	GLZ	FREI	FREI
01	KUG	Kurzarbeit	001	FREI	FREI	FREI	FREI	FREI	FREI	FREI
01	M3	3-Schicht-Betrieb 4W	001	F-11	F-11	F-11	F-11	F-11	F-11	FREI
01	M3	3-Schicht-Betrieb 4W	002	S-11	S-11	S-11	S-11	S-11	FREI	N-11
01	M3	3-Schicht-Betrieb 4W	003	N-11	N-11	N-11	N-11	N-11	FREI	FREI
01	M3	3-Schicht-Betrieb 4W	004	FREI	FREI	FREI	FREI	FREI	FREI	FREI
01	NO	40 Std. Woche	001	NO	NO	NO	NO	NO	FREI	FREI
01	NORM	Normalarbeit	001	NORM	NORM	NORM	NORM	NORM	FREI	FREI

Abbildung 1.9: Periodenarbeitszeitpläne

☛ Systematische Bezeichnungen bei Periodenarbeitszeitplänen

Wie bereits bei den Tagesarbeitszeitplänen erläutert, können sprechende Kurzbezeichnungen die Arbeiten mit und am System erheblich vereinfachen. Im gezeigten Beispiel haben die Bezeichnungen folgende Bedeutung:

- T3: Teilzeitplan mit drei Arbeitstagen,
- G: Gleitzeitplan Vollzeit,
- 2S: Zwei-Schicht-Plan Vollzeit,
- 3T: Drei-Schicht-Teilzeitplan

Inwiefern sich sprechende Bezeichnungen sinnvoll umsetzen lassen, ist abhängig von der Anzahl der abzubildenden Arbeitszeitpläne und der allgemeinen Systemstruktur (Gruppierungen, eventuell internationale Konzepte etc.). Das Beispiel zeigt eine in der Praxis bewährte Vorgehensweise, die allerdings bei jedem Kunden unterschiedlich aussehen kann.

Für jeden angelegten Periodenarbeitszeitplan muss anschließend die *Auszählungsklasse* des Periodenarbeitszeitplans (V_T551C) definiert werden, anhand derer die An- und Abwesenheitsbewertung erfolgt.

Ferner ist die korrekte *Bewertungsklasse* des Periodenarbeitszeitplans (V_551C_B) zu definieren, anhand derer die Zeitlohnartenbildung (V_T510S) gesteuert wird.

☛ Bewertungsklasse des Periodenarbeitszeitplans

Die Bewertungsklasse des Periodenarbeitszeitplans kann ebenfalls sprechende Nummerierungen erhalten, sofern dies konzeptionell sinnvoll ist.

Beispiel:

- Bewertungsklasse 1: alle sonstigen

- Bewertungsklasse 2: Zwei-Schicht
- Bewertungsklasse 3: Drei-Schicht
- Bewertungsklasse 4: Konti-Schicht (24/7)
- Bewertungsklasse 5: geringfügig Beschäftigte
- Bewertungsklasse 9: Leiharbeitnehmer

Anhand der Bewertungsklasse können Sie nicht nur die Zeitlohnartenbildung steuern, sondern diese auch in der Zeitauswertung mittels der Rechenoperation VARSTTIMCL abfragen. Über die Bewertungsklasse lässt sich also während der Zeitauswertung eine Vielzahl zusätzlicher Verarbeitungen steuern.

1.3.7 Bestimmungsregeln für Tagestypen

Definition Tagestypen

Tagestypen sind ein wichtiges Customizingelement für die Bildung von Zeitlohnarten, die Abwesenheitsbewertung oder den Einbau von entsprechenden Sonderverarbeitungen im Auswertungsschema.

Jeder Arbeitszeitplanregel wird im Customizing eine »Bestimmungsregel für Tagestypen« zugewiesen. Diese Zuordnung wird wiederum beim Generieren der Arbeitszeitplanregel genutzt, um jedem Tag einer Woche innerhalb des Generierungszeitraums (Montag–Freitag, Samstag, Sonntag) in Kombination mit einer bestimmten Feiertagsklasse den jeweiligen Tagestypen (Tabelle *V_T553T*) zuzuordnen:

- *blank* für bezahlte Arbeitstage,
- *1* für freie, bezahlte Arbeitstage (z. B. Feiertag am Arbeitstag),
- *2* für freie, unbezahlte Arbeitstage,
- *3* für freie Sondertage (z. B. Firmenjubiläum).

Customizing der Bestimmungsregeln für Tagestypen

Die Bestimmungsregeln für Tagestypen sind in Abbildung 1.10 dargestellt. Dieser Tabellenview *V_T553A* ist über den IMG-Pfad PERSONALZEITWIRTSCHAFT • ARBEITSZEITPLÄNE • TAGESTYPEN • BESTIMMUNGSREGELN FÜR TAGESTYPEN erreichbar.

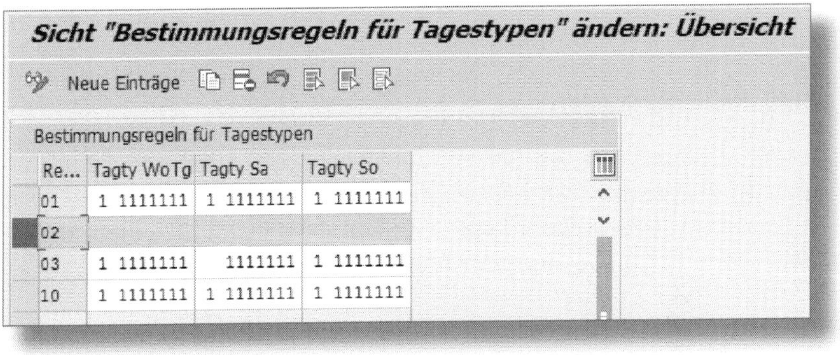

Sicht "Bestimmungsregeln für Tagestypen" ändern: Übersicht

Neue Einträge

Bestimmungsregeln für Tagestypen

Re...	Tagty WoTg	Tagty Sa	Tagty So
01	1 1111111	1 1111111	1 1111111
02			
03	1 1111111	1111111	1 1111111
10	1 1111111	1 1111111	1 1111111

Abbildung 1.10: Bestimmungsregeln für Tagestypen

Bestimmungsregeln für Tagestypen

Um die Funktionsweise dieser Customizingtabelle leichter zu verstehen, fügen Sie bitte in Gedanken unter der Zeile mit den Spaltenüberschriften TAGTY WOTG, TAGTY SA und TAGTY SO eine weitere Zeile ein, die die Spaltenüberschriften »blank 1 2 3 4 5 6 7 8 9 (Feiertagsklassen)« enthält.

Es ergibt sich dann leicht erkennbar die folgende Matrix (am Beispiel der Bestimmungsregel 21, Spalte TAGTY WOTG):

Wochentage mit

- Feiertagsklasse *blank* bzw. *0* => Tagestyp *blank*,
- Feiertagsklasse *1* => Tagestyp *1*,
- Feiertagsklasse *2* => Tagestyp *blank*,
- Feiertagsklasse *3* => Tagestyp *3*,
- allen übrigen Feiertagsklassen => Tagestyp *blank*;

Samstage und Sonntage mit:

- Feiertagsklasse *blank* bzw. *0* => Tagestyp *blank*,
- Feiertagsklasse *1* => Tagestyp *1*,
- allen übrigen Feiertagsklassen => Tagestyp *blank*.

Definition von Sondertagen

Darüber hinaus können Sie in Tabellenview *V_T553S* bzw. über den IMG-Pfad PERSONALZEITWIRTSCHAFT • ARBEITSZEITPLÄNE • TAGESTYPEN • SONDERTAGE DEFINIEREN Tage (z. B. Firmenjubiläen) festlegen, die datumsgenau einen bestimmten Tagestypen auslösen.

1.3.8 Arbeitszeitplanregeln

Mit der Definition der Periodenarbeitszeitplanregel(n) und allen übrigen beschriebenen Bausteinen ist das System nun auf das Anlegen der Arbeitszeitplanregeln vorbereitet.

Arbeitszeitplanregeln werden den Mitarbeitern direkt zugeordnet und enthalten alle Informationen zu Pausen, täglichen Arbeitszeiten, wöchentlichen Arbeitstagen, Feier- und anderen Sondertagen etc.

Feiertagskalender

Die Anlage und Änderung von Feiertagen und Feiertagskalendern wurde bereits in Abschnitt 1.3.3 beschrieben. Die Feiertagskalender müssen nun zielgenau den Personalteilbereichen Ihres Unternehmens zugeordnet werden. Dies erfolgt im IMG unter PERSONALZEITWIRTSCHAFT • ARBEITSZEITPLÄNE • ARBEITSZEITPLANREGELN UND ARBEITSZEITPLÄNE • GRUPPIERUNGEN FÜR FEIERTAGSKALENDER DEFINIEREN.

Auswahlliste Arbeitszeitplanregeln Infotyp 0007

Alle in derselben Kombination von GRUPPIERUNG MITARBEITERKREISE, FEIERTAGSKALENDER und GRUPPIERUNG PERSONALTEILBEREICH angelegten Arbeitszeitplanregeln werden im Infotyp *0007* eines entsprechenden Mitarbeiters angezeigt. Hierbei können sehr lange Auswahllisten entstehen.

Neben der GRUPPIERUNG PERSONALTEILBEREICH, deren unterschiedliche Verwendung aus konzeptioneller Sicht beschränkt sein kann, können Sie verschiedene Feiertagskalender nutzen, um Ihr System und damit die Übersichtlichkeit in den Auswahllisten des Infotyps *0007* fein zu strukturieren.

Gruppierung Mitarbeiterkreis

Mit dieser Gruppierung (Tabellenview *V_503_D*) fassen Sie alle Mitarbeiterkreise zusammen, für die dieselben Arbeitszeitplanregeln zur Verfügung stehen sollen.

Das SAP-System sieht im Standard die Unterscheidung zwischen ANGESTELLTEN und GEWERBLICHEN vor (siehe Abbildung 1.11).

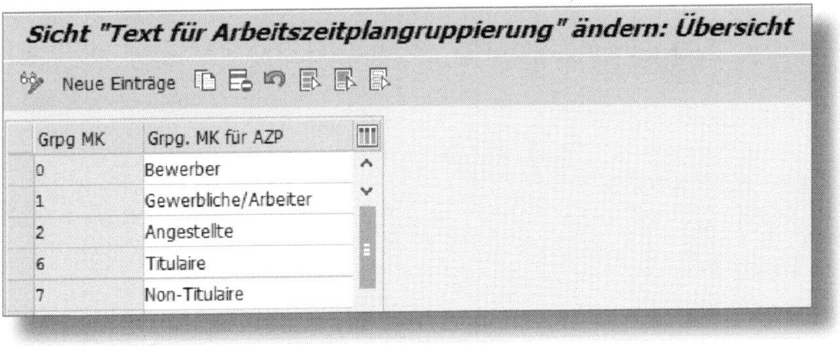

Sicht "Text für Arbeitszeitplangruppierung" ändern: Übersicht

Neue Einträge

Grpg MK	Grpg. MK für AZP
0	Bewerber
1	Gewerbliche/Arbeiter
2	Angestellte
6	Titulaire
7	Non-Titulaire

Abbildung 1.11: Arbeitszeitplangruppierungen

Sie können diese Unterscheidung weiter verfeinern, wenn Sie z. B. für einzelne Mitarbeiterkreise eigene Arbeitszeitplanregeln definieren wollen, oder auch mit nur einer Gruppierung arbeiten, wenn eine Unterscheidung zwischen Mitarbeiterkreisen nicht benötigt wird.

Customizing der Arbeitszeitplanregeln

Im Customizing der Arbeitszeitplanregeln stehen Ihnen die Periodenarbeitszeitpläne zur Verfügung, die wir zuvor in derselben Gruppierung der Personalteilbereiche definiert haben. Zusätzlich müssen wir die gewünschte Gruppierung der Mitarbeiterkreise und den Feiertagskalender vorgeben. Anschließend füllen wir die Customizingfelder wie in Abbildung 1.12 dargestellt aus.

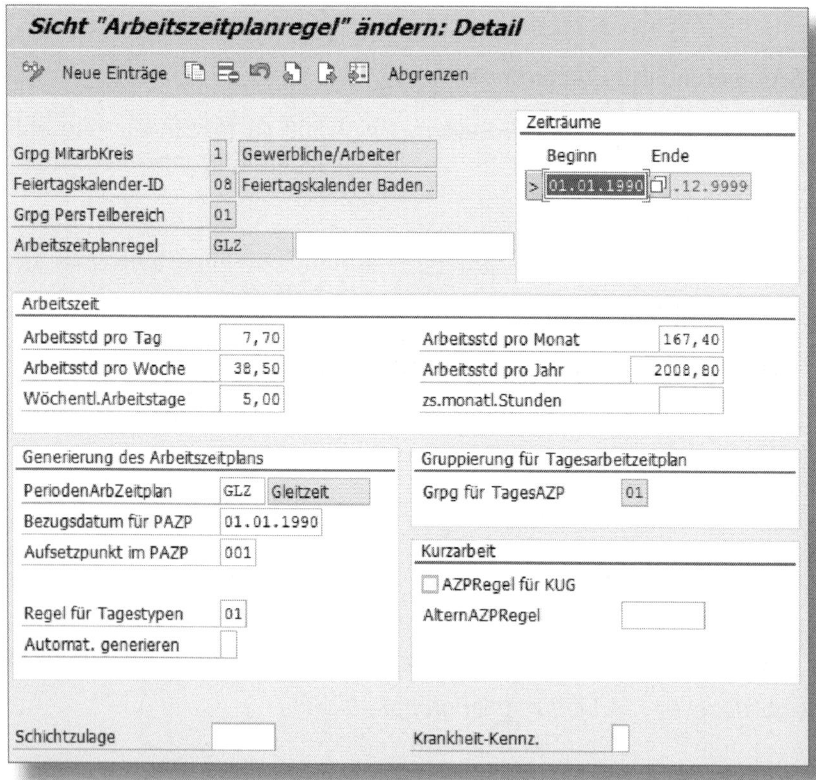

Abbildung 1.12: Arbeitszeitplanregel

Folgende Felder seien an dieser Stelle etwas näher erläutert:

- Im Bereich ARBEITSZEIT tragen Sie die tägliche, wöchentliche, monatliche und jährliche Sollarbeitszeit sowie die wöchentlichen Arbeitstage ein, wie sie sich aus Ihrem bisherigen Customizing ergeben.

Berechnung der monatlichen Arbeitsstunden

Sofern keine abweichenden Vorschriften existieren (z. B. im Tarifvertrag, Betriebsvereinbarung, etc.), berechnen Sie die monatlichen Arbeitsstunden mit der Formel:

Wochenarbeitszeit × 4,35.

Sollten Sie zusätzlich die SAP-Entgeltabrechnung in Verwendung haben, muss ein von 4,35 abweichender Faktor auch dort im Customizing hinterlegt werden, um Fehler bei der Berechnung von Steuersummen im Zusammenhang mit § 3b EStG (Einkommensteuergesetz) zu vermeiden.

- Im Bereich GENERIERUNG DES ARBEITSZEITPLANS hinterlegen Sie den gewünschten PERIODENARBEITSZEITPLAN mit entsprechendem BEZUGSDATUM.

Das Bezugsdatum ergibt in Kombination mit dem Aufsetzpunkt den genauen Tag, ab dem der Periodenarbeitszeitplan beim Generieren der Arbeitszeitplanregeln abgerollt wird. Sie erhalten hiermit die Möglichkeit, z. B. mehrwöchige Periodenarbeitszeitpläne jeweils eine Woche versetzt starten zu lassen. Hierfür legen Sie jeweils eine Arbeitszeitplanregel mit einem um sieben Tage verschobenen Aufsetzpunkt an.

- Im Feld REGEL FÜR TAGESTYPEN ordnen Sie die Regel für Tagestypen zu, die für die Arbeitszeitplanregel angewendet werden soll (siehe auch Beschreibung im Abschnitt 1.3.7).
- Im Feld SCHICHTZULAGE geben Sie an, wie viel Prozent des vertraglichen oder freiwilligen Arbeitsentgelts eines Mitarbeiters aufgrund besonderer Arbeitsbedingungen (z. B. bei besonderer Erschwernis) zusätzlich bezahlt werden sollen.

Der hier angegebene Anteil am gesamten Arbeitsentgelt kann sowohl in der SAP-Zeitauswertung als auch der -Personalabrechnung analysiert, berechnet und als automatische Zulage generiert werden, entsprechende zusätzliche Customizingeinstellungen in den jeweiligen Auswertungsschemata vorausgesetzt.

Generierung von Arbeitszeitplanregeln

Nach Fertigstellung des Customizings müssen die Arbeitszeitplanregeln generiert werden, bevor diese in *Infotyp 0007* einem Mitarbeiter zugeordnet und in der Zeitauswertung durchlaufen werden können.

Die Erzeugung erfolgt über die Transaktionen *PT01* (manuell) oder *PT_SHF00* (maschinell). Letztere erreichen Sie auch über den IMG-Pfad PERSONALZEITWIRTSCHAFT • ARBEITSZEITPLÄNE • ARBEITSZEITPLANREGELN UND ARBEITSZEITPLÄNE • ARBEITSZEITPLÄNE MASCHINELL GENERIEREN.

Die beim Generieren der Arbeitszeitplanregeln entstehenden Daten werden mit allen für den Arbeitszeitplan notwendigen Daten in Tabelle *T552A* abgelegt.

1.3.9 Infotyp 0007 »Sollarbeitszeit«

Die in den vorangegangenen Schritten fertiggestellten Arbeitszeitplanregeln können nun im *Infotyp 0007* den Mitarbeitern zugeordnet werden (siehe Abbildung 1.13).

Dieser zentrale Infotyp der Zeitauswertung enthält entscheidende Steuerungsfunktionen, wie beispielsweise die nachfolgend erläuterten Felder im Block ARBEITSZEITPLANREGEL:

ARBEITSZEITPLANREGEL

Die Arbeitszeitplanregeln bilden die vertragliche Arbeitszeit jedes einzelnen Mitarbeiters ab und sind Basis für die Vergütung, An-/Abwesenheitsbewertung, Saldenbildung etc.

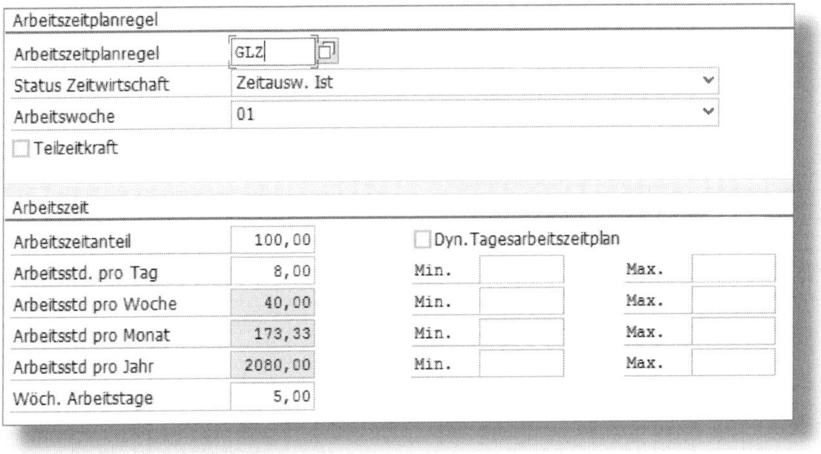

Abbildung 1.13: Infotyp 0007

STATUS ZEITWIRTSCHAFT

Dieser Status legt fest, ob der Mitarbeiter an der Zeitauswertung teilnimmt oder nicht. Tabelle 1.1 zeigt die zur Verfügung stehenden Auswahlmöglichkeiten:

Schlüssel	Status	Beschreibung
0	keine Zeitauswertung	Der Mitarbeiter nimmt an keiner Zeitauswertung teil.
1	Zeitauswertung Ist	Der Mitarbeiter nimmt an der positiven Zeitauswertung mit Stempelbuchungen teil.
2	Zeitauswertung BDE	
7	Zeitauswertung ohne Integration zur Abrechnung	
8	Fremddienstleistung	
9	Zeitauswertung Soll	Der Mitarbeiter nimmt an der negativen Zeitauswertung ohne Stempelbuchungen teil.

Tabelle 1.1: Status Zeitwirtschaft

ARBEITSWOCHE

In diesem Feld wird die definierte Arbeitswoche hinterlegt. Sie muss nicht am Montag beginnen und bis Sonntag dauern, sondern kann einen abweichenden Zeitraum umfassen, z. B. von Sonntag bis Samstag, wenn der Wochenzeitraum nicht kollektivrechtlich (Tarifvertrag, Betriebsvereinbarung) entsprechend definiert ist.

☛ Wochenbetrachtung der Mehrarbeit

Die hinterlegte Arbeitswoche und die damit verbundenen Hintergrundeinstellungen können eine Fehlerquelle bei wöchentlichen Mehrarbeitsermittlungen darstellen.

Ist beispielsweise zwischen den Betriebsparteien der Samstag als letzter Arbeitstag der Woche bei einer wöchentlichen Mehrarbeitsbetrachtung ab der 42. Wochenarbeitsstunde vereinbart, so muss die entsprechend definierte Arbeitswoche im Infotyp *0007* der betroffenen Mitarbeiter hinterlegt sein.

Die Definition des Samstags als letzten Arbeitstag der Woche erfolgt über das *Merkmal LDAYW*. Erst dann können die Rechenoperationen des SAP-Standards zur wöchentlichen Mehrarbeitsbetrachtung sinnvoll genutzt und die Zeitauswertung in Schemen und Regeln entsprechend konfiguriert werden. Auch greifen sonstige Programme – z. B. für die Generierung des Zeitnachweisformulars – auf dieses Merkmal zurück.

Im genannten Beispiel würde der Mitarbeiter ab Überschreiten einer wöchentlichen Arbeitszeit von 42 Stunden Anspruch auf eine Mehrarbeitsvergütung haben.

TEILZEITKRAFT

Teilzeitmitarbeiter werden mit einem Flag im Feld TEILZEITKRAFT markiert.

Die in den Arbeitszeitplanregeln hinterlegte Sollstundenanzahl für tägliche, monatliche und jährliche Zeiträume können in der Zeitauswertung für unterschiedliche Berechnungen genutzt werden, sind aber insbesondere relevant für die Entgeltkürzung im Falle unbezahlter Abwesenheiten (*Aliquotierung*) sowie für Auswertungen und Statistiken. Welche dieser Felder manuell im Infotyp *0007* »Sollarbeitszeit« geändert werden können, lässt sich über das *Merkmal WRKHR* festlegen.

Der im Infotyp *0007* hinterlegte Arbeitszeitanteil gibt den prozentualen Anteil der laut Arbeitszeitplan zu arbeitenden Stunden an. Wird dieses Feld geändert, passt das System automatisch die täglichen, wöchentlichen, monatlichen und jährlichen Stunden an.

Beträgt der Arbeitszeitanteil 100 %, arbeitet der Mitarbeiter genau nach seiner Arbeitszeitplanregel. Wird der Arbeitszeitanteil auf 50 % reduziert, so werden die übrigen Stundenfelder im Infotyp um die Hälfte reduziert.

Arbeitszeitanteil

Bei der beschriebenen Methode wird ein Vollzeitarbeitszeitplan rechnerisch auf ein Teilzeitvolumen gekürzt. Dies kann zu Fehlern z. B. in Saldenberechnungen oder bei der Abwesenheitsbewertung führen. So behalten die im Customizing hinterlegten Tagesarbeitszeitpläne bei einer Veränderung des Arbeitszeitanteils auf 70 % ihre ursprünglichen Einstellungen (z. B. Beginn/Ende Normalarbeitszeit) unverändert bei. Abfragen und Verrechnungen dieser Felder können dann zu Fehlern führen.

Um solche Fehler zu vermeiden, sollten Sie reale Teilzeitmodelle mit 100 % Arbeitszeitanteil definieren. Diese bilden den Arbeitszeitplan des Mitarbeiters mit den arbeitsvertraglich exakten Arbeits-, Pausen- und freien Zeiten etc. ab. In diesem Fall muss das Häkchen TEILZEITKRAFT im Infotyp *0007* manuell gesetzt werden. Dieses Kennzeichen kann im Zeitauswertungsschema ausgelesen werden, um damit spezielle Verarbeitungen oder auch Auswertungen und Selektionen zu steuern.

Jede Arbeitszeitplanregel lässt sich nach ihrer Generierung mittels der Transaktion *PT03* anzeigen und überprüfen. Der generierte Arbeitszeitplan wird Ihnen ebenfalls angezeigt, wenn Sie in der Stammdatenpflege (Transaktion *PA51* oder *PA61*) den Monatskalender aufrufen; hierfür steht der Button MONAT bzw. Infotyp *2051* (Monatskalender) zur Verfügung.

1.3.10 Zeiterfassungsinformationen

Der Infotyp *0050* ist dafür vorgesehen, die aus einem Zeiterfassungssubsystem stammenden Zeiten eines Mitarbeiters einer Personalnummer im SAP zuzuordnen.

Zeitausweis

Zeitausweisnummer	00000001
Ausweisversion	

Schnittstellendaten

ArbeitszeitereignGrp	01
Grupp. Subsystem	001
Grupp. An-/Abwesen.	001
Grupp. Mitarb.Ausg.	001
Zutrittskontrollgr.	
Mailkennzeichen	
Persönlicher Code	

Zeitvariablen

Gruppierung ZARegel	
Gleitzeit-Maximum	
Gleitzeit-Minimum	
Zeitzuschlag/-Abzug	
Pauschale Mehrarbeit	
Zusätzl. Kennzeichen	

Abbildung 1.14: Infotyp 0050

Das Feld ZEITAUSWEIS dient der Hinterlegung der Daten einer ID-Karte, die für das externe Erfassungssystem genutzt wird. Es erfolgt also eine Zuordnung der Buchungskarte zu den Mitarbeiterstammdaten. Die Nummer des Zeitausweises muss im System eindeutig sein.

Ferner werden die für die Arbeit mit Zeiterfassungsgeräten relevanten Stamm- und Steuerungsdaten für die Zeitauswertung erfasst. So bestimmt die ARBEITSZEITEREIGNISGRUPPE, welche Buchungsart (*Zeitereignisart*) in diesem Infotyp zulässig ist, vgl. Abbildung 2.7.

Das Feld AUSWEISVERSION enthält die aktuell gültige Versionsnummer des Ausweises. Falls ein Mitarbeiter seinen Ausweis verliert, kann er durch eine neue Versionsnummer seine alte Ausweisnummer beibehalten; der verlorene Ausweis wird dadurch ungültig.

Die SCHNITTSTELLENDATEN dienen der Gruppierung von Ausweisdaten und hier der Kommunikation mit dem Zeiterfassungsterminal. Über die ZUTRITTSKONTROLLGR. kann darüber hinaus gesteuert werden, welche Zutrittsrechte mit der Karte verbunden sind. Die im SAP-Customizing angelegten Einträge müssen allerdings im Zeiterfassungssubsystem vorhanden sein und von diesem interpretiert werden können.

Die ZEITVARIABLEN dienen der Steuerung der Zeitauswertung; hier können Sie individuell geltende Regelungen ablegen, wie beispielsweise das GLEITZEIT-MAXIMUM. In diesem Fall würde der eingetragene Wert die automatische Berechnung übersteuern. Bei allen Zeitvariablen muss deren korrekte Verarbeitung innerhalb des Zeitauswertungsschemas eingerichtet werden.

2 Prozesse in der SAP-Zeitwirtschaft

Nachdem wir die Grundlagen erläutert haben, wird Ihnen in diesem Kapitel der prozessuale Ablauf der Zeitwirtschaft dargestellt. Er beginnt mit der Erfassung von Daten durch Zeiterfassungsterminals oder manuelle Benutzereingaben und endet mit der Zeitauswertung sowie Weiterverarbeitung der ermittelten Ergebnisse.

Abbildung 2.1 gibt Ihnen einen Überblick über die Zeitwirtschafts-Teilprozesse.

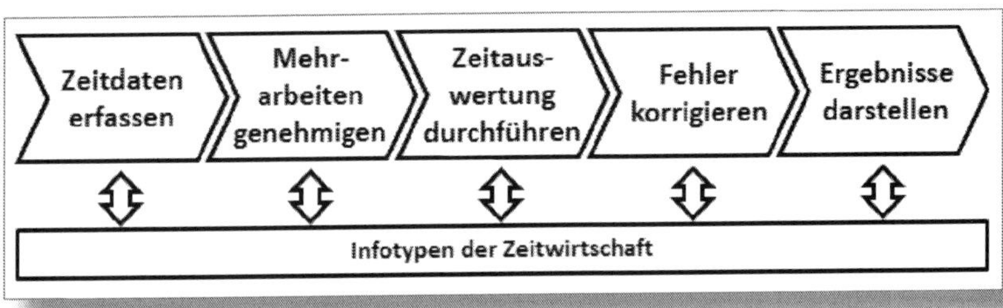

Abbildung 2.1: Teilprozesse der SAP-Zeitwirtschaft

2.1 Infotypen der Zeitwirtschaft

Bevor wir auf die Prozesse näher eingehen, müssen wir uns zum besseren Verständnis zunächst die Datenhaltung in den *Infotypen der Zeitwirtschaft* anschauen – die Grundlage eines jeden Teilprozesses.

Keine Erweiterung bei Infotypen der Zeitwirtschaft

Infotypen der Zeitwirtschaft sind vom Erweiterungskonzept für Infotypen ausgenommen. Sie können demnach nicht mit der Transaktion *PM01* erweitert werden, wie beispielsweise die Infotypen der Personaladministration (PA).

2.1.1 Bewegungsdaten der Zeitwirtschaft

Mit *Bewegungsdaten* werden in der Zeitwirtschaft Zeitdaten bezeichnet, die sich häufig ändern. Es sind die Abweichungen zur im Arbeitszeitplan hinterlegten Sollzeit. Darunter verstehen wir z. B. An- und Abwesenheiten.

Komplexes Customizing findet sich insbesondere bei Abwesenheiten und Abwesenheitsansprüchen. Deshalb werden wir speziell bei diesen Infotypen auch auf die Systemeinstellungen eingehen.

Abwesenheiten (Infotyp 2001)

Beispiele für Abwesenheiten sind:

- Urlaub,
- Krankheit,
- Kur,
- unentschuldigtes Fehlen.

Einige Abwesenheitsarten sind landesspezifisch und müssen unter Berücksichtigung der geltenden Bestimmungen betrachtet werden.

Dazu liefert die SAP in der Ländergruppierung des *MOLGA-Codes* viele Mustereinträge aus, beispielsweise *01* für Deutschland.

☛ Gruppierung Personalbereich/-teilbereich für Abwesenheiten

Es ist empfehlenswert, diese Gruppierung beizubehalten und um weitere kundenspezifische Abwesenheiten zu erweitern. In Deutschland sind die für die Abrechnung erforderlichen Einstellungen für die ausgelieferten Abwesenheiten schon vollständig hinterlegt. Sollten Sie die Gruppierung ändern, müssen Sie darauf achten, diese auch in die für die Abrechnung relevanten Tabellen zu übernehmen.

Für bestimmte Abwesenheiten werden unterschiedliche Erfassungsmasken (*Dynpros*) genutzt. So werden z. B. für Krankheitstage zusätzliche Felder eingeblendet, die der Errechnung der Lohnfortzahlung und der Verknüpfung mit anderen Krankheitssätzen dienen, wie in Abbildung 2.2 verdeutlicht.

Gültig 14.09.2023 bis 20.09.2023

Arbeitsunfähigkeit		
Abwesenheitsart	0200	Krankheit mit Attest
Uhrzeit	–	Vortag
Abwesenheitsstunden	40,00	ganztägig
Abwesenheitstage	5,00	
Kalendertage	7,00	

Abrechnung	
Abrechnungsstunden	40,00
Abrechnungstage	5,00

Fristen für Bezahlung	
Verknüpfungen	
anrechenbare Tage	
Ende Lohnfortzahlung	
Krankengeldzuschuß	–
Bescheinigter Beginn	

Abbildung 2.2: Infotyp 2001, Dynpro für Abwesenheitsart 0200

Andere Abwesenheiten verringern Abwesenheitskontingente (z. B. den Urlaubsanspruch im Infotyp *2006*). Nur wenn noch abtragungsfähige Kontingente mit einem Restbestand vorhanden sind, kann ein Anwesenheitssatz gespeichert werden. Die Kontingente werden in diesem Fall automatisch vom System fortgeschrieben.

Zur Konfiguration der Kontingente werden wir noch in Abschnitt 2.1.2 eingehen. Zu den Abwesenheiten müssen wir u. a. definieren, wie sich die Felder

- ABWESENHEITSSTUNDEN und
- ABWESENHEITSTAGE

berechnen. Das entsprechende Customizing finden wir unter ZEITDATENERFASSUNG UND -VERWALTUNG • ABWESENHEITEN • ABWESENHEITSAUS-

ZÄHLUNG. Hier können wir in *Auszählungsregeln* festlegen, wie Abwesenheiten gezählt werden sollen, beispielsweise in Abhängigkeit

- vom Wochentag,
- von der Tagesarbeitszeitplanklasse (siehe auch Abschnitt 1.3.5) sowie
- ob es sich um einen Feiertag handelt und – falls das zutrifft – um welche Art von Feiertag (siehe auch Abschnitt 1.3.3).

Abbildung 2.3 gibt hierzu einen Überblick.

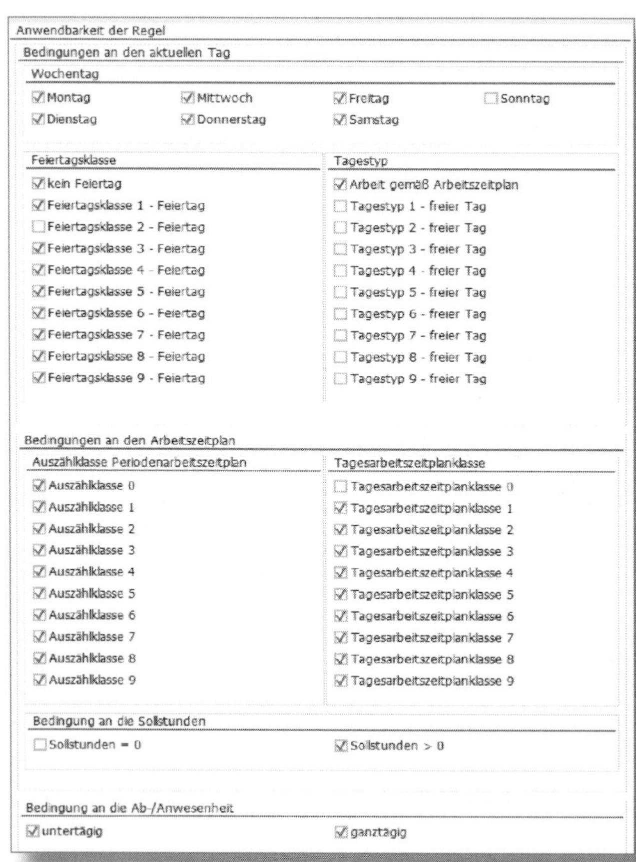

Abbildung 2.3: Bedingungen für Auszählungsregeln

Auszählungsregel Tarifurlaub

Bei Eingabe eines Abwesenheitssatzes *Tarifurlaub* werden die in Abbildung 2.3 dargestellten Regeln durchlaufen; d. h., bei einem Abwesenheitssatz, der von Montag bis zum darauffolgenden Montag eingegeben wird, werden alle Tage bis auf den Sonntag gezählt, also sechs Tage insgesamt, sofern kein Feiertag mit der *Feiertagsklasse 2* (halber Feiertag) oder eine sonstiger freier Tag laut Arbeitszeitplan vorliegen.

Diese Auszählungsregeln müssen wir anschließend den tatsächlichen Abwesenheiten zuweisen: über den IMG-Pfad ABWESENHEITSAUSZÄHLUNG • ABWESENHEITSARTEN AUSZÄHLUNGSREGELN ZUORDNEN, wie Abbildung 2.4 darstellt, oder direkt in der Tabelle *T554S*, in der die Attribute von Abwesenheiten gespeichert werden.

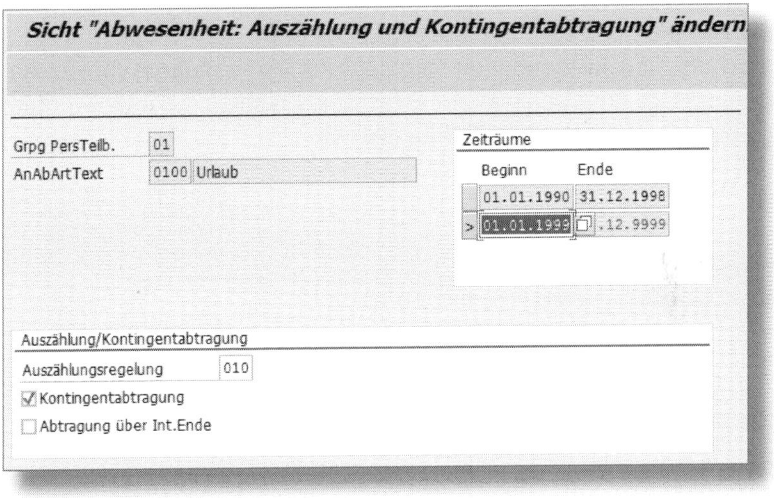

Abbildung 2.4: Auszählungsregeln zuordnen

Anwesenheiten (Infotyp 2002)

Anwesenheiten untergliedern sich in verschiedene *Anwesenheitsarten*, die – wie auch die Abwesenheiten – als »Subtyp des Infotyps« bezeichnet werden.

Die Unterscheidung von An- und Abwesenheiten wird nicht auf den ersten Blick deutlich, da auch bei den von der SAP ausgelieferten Anwesenheitsarten eine Abweichung vom Arbeitszeitplan vorliegt. Eine übliche Definition ist, dass Anwesenheitsarten eine Arbeitsleistung für das Unternehmen darstellen, Abwesenheiten jedoch nicht. Ferner haben Anwesenheiten einen geringeren Einfluss auf die Entgeltberechnung, da sie in dem Abrechnungslauf nicht direkt verarbeitet werden.

☛ Tabelle T554S

Wie Abwesenheiten werden auch Anwesenheiten in der Tabelle *T554S* gespeichert. Diese ist im IMG nicht integriert, sondern in einzelne Teilviews untergliedert, die An- und Abwesenheiten getrennt ausweisen. Insbesondere bei der Fehlersuche eignet sich diese Tabelle jedoch als Gesamtübersicht. An- und Abwesenheiten werden hier über das Kennzeichen Knz. An-/Abwesenheiten differenziert. Die Tabelle muss über die Transaktion *SM30* aufgerufen werden.

Wie bereits für Abwesenheiten dargelegt, können abhängig von der Anwesenheitsart unterschiedliche Erfassungsmasken genutzt werden. Ein Beispiel ist in Abbildung 2.5 dargestellt.

Gültig 14.09.2023 bis 20.09.2023

Anwesenheit

Anwesenheitsart	0420 Seminar/Kurs/Lehrgang
Uhrzeit	– Vortag
Anwesenheitsstunden	0,00 ganztägig
Anwesenheitstage	0,00
Kalendertage	0,00
MehrVerrechnungsart	Lohnart entscheidet
Auswertungsart AnAbw	

Abbildung 2.5: Infotyp 2002

Anwesenheitszeiten können im Gegensatz zu Abwesenheitszeiten auch über die Sollarbeitszeit eines Tages hinausgehen.

Bereitschaften (Infotyp 2004)

In diesem Infotyp werden verschiedene Arten von Bereitschaften hinterlegt, z. B. die Rufbereitschaft. Jede Bereitschaftsart bildet einen Subtyp des Infotyps *2004*.

Die Bereitschaftszeiten werden als zusätzliche Leistungen zu der Sollarbeitszeit betrachtet. Bei ihrer Anlage gelten sie additiv zum Arbeitszeitplan eines Mitarbeiters.

Mehrarbeiten (Infotyp 2005)

Im Infotyp *2005* können Arbeitsstunden hinterlegt werden, die der Mitarbeiter zusätzlich zu seiner im Tagesarbeitszeitplan hinterlegten Sollarbeitszeit geleistet hat. In der Regel wird dieser Infotyp nur verwendet, wenn keine positive Zeitauswertung stattfindet, da dann die Mehrarbeit anhand der gebuchten Zeiten erkannt werden kann. Durch das Feld MEHRARBEITSVERRECHNUNGSART können Sie für die Zeiten kennzeichnen, ob sie vergütet oder in ein Zeitkonto gebucht werden sollen (vgl. Abschnitt 2.3.1).

Entgeltbelege (Infotyp 2010)

Der Infotyp *2010* ermöglicht das Erfassen von Lohn- und Gehaltsdaten.

Er stellt insofern einen Exoten innerhalb der für die Zeitwirtschaft vorgesehenen 2000er-Infotypen dar. Der Infotyp wird nicht vom Zeitauswertungsschema interpretiert, sondern in der Entgeltabrechnung eingelesen und dient vorranging zur Vorgabe manuell berechneter Lohngrößen, Erschwerniszulagen, Prämien oder anderer nicht planbarer Lohn- und Gehaltsarten.

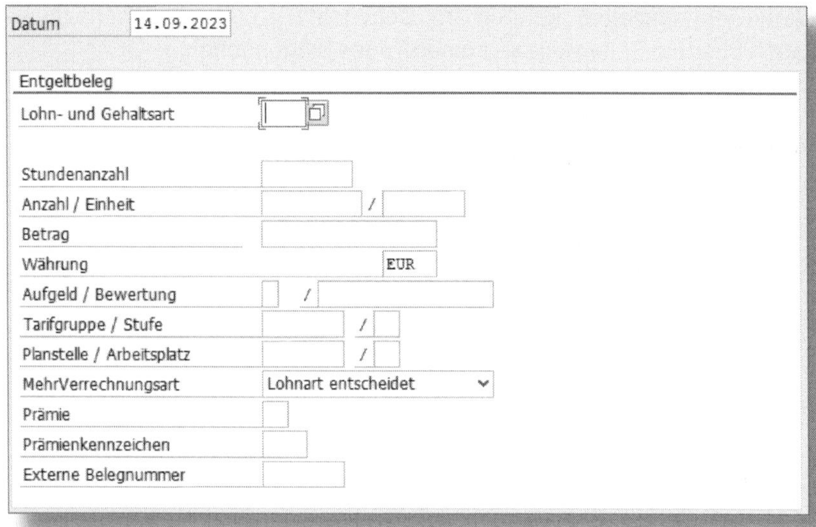

Datum 14.09.2023

Entgeltbeleg

Lohn- und Gehaltsart

Stundenanzahl

Anzahl / Einheit /

Betrag

Währung EUR

Aufgeld / Bewertung /

Tarifgruppe / Stufe /

Planstelle / Arbeitsplatz /

MehrVerrechnungsart Lohnart entscheidet

Prämie

Prämienkennzeichen

Externe Belegnummer

Abbildung 2.6: Felder des Infotyps 2010

Zeitereignisse (Infotyp 2011)

Zeitereignisse im SAP-System sind z. B.

- Kommen- und Gehenbuchungen,
- Dienstgangsbuchungen und
- Pausenbuchungen.

Diese Zeiten werden von den Mitarbeitern am Zeiterfassungsterminal gebucht. Die Daten werden nicht wie bei allen anderen Infotypen in einer Tabelle »PA-Infotypnummer« gespeichert, sondern in der Tabelle *TEVEN*.

Der sogenannte *Upload der Personalzeitereignisse* dient dazu, alle im Zeiterfassungssystem eingegebenen Zeitereignisse in das SAP-System zu übertragen. Die Rohdaten werden in der Tabelle *CC1TEV* abgelegt.

Durch den Report *SAPCDT45* (HR-PDC: Verbuchung der Personalzeitereignisse) werden die Daten der Tabelle *CC1TEV* gelesen und als Zeitereignisse in der Tabelle *TEVEN* gespeichert. Erfolgreich verarbeitete Zeitereignisse werden aus der Tabelle *CC1TEV* wieder gelöscht.

Der Infotyp *2011* kann auch manuell bearbeitet werden. Manuell erfasste Daten werden als solche gekennzeichnet (Kennzeichen HERKUNFT *M*), wie Abbildung 2.7 zeigt.

Zeitereignis		
Uhrzeit	12:00:00	
Zeitereignisart	P10	Kommen
Tageszuordnung		
An/Abwesenheitsgrund		
Terminal-ID		
Herkunft	M	
Kundenfeld		

Abbildung 2.7: Infotyp 2011, manuell erfasster Arbeitsbeginn

Die Zuordnung der Zeitereignisse zu einem Tag (*Tageszuordnung*) erfolgt durch die Paarbildung innerhalb der Zeitauswertung. Beispielsweise wird bei einer Nachtschicht das Gehen-Zeitereignis dem Vortag zugeordnet. An- und Abwesenheitsgründe generieren einen Datensatz in den Infotypen *2001* oder *2002*.

2.1.2 Kontingente, Vertretungen, Umbuchung

Diese Infotypen der Zeitwirtschaft enthalten zusätzliche Informationen, die in der Zeitauswertung eingelesen werden und u. a. die Berechnung von Mehrarbeiten und Salden beeinflussen.

Vertretungen (Infotyp 2003)

Dieser Infotyp dient der temporären Änderung der Sollarbeitszeit eines Mitarbeiters.

> **Begriff »Vertretung«**
>
> In der Personalzeitwirtschaft wird der Begriff *Vertretung* anders als umgangssprachlich genutzt. Hier ist in der Regel nicht das Ersetzen (Vertreten) eines abwesenden Mitarbeiters gemeint, sondern die Abänderung der Sollarbeitszeit eines Mitarbeiters.

Es ist möglich, individuelle Arbeits- und Pausenzeiten vorzugeben oder aber einen bestehenden Tagesarbeitszeitplan auszuwählen.

Für den Fall einer länger andauernden Vertretung ist die Anlage einer Arbeitszeitplanregel (analog Infotyp *0007*) oder die Zuordnung einer anderen Personalnummer möglich. In diesem Fall wird die Arbeitszeitplanregel der neu hinterlegten Personalnummer angewandt.

In dem in Abbildung 2.8 gezeigten Beispiel werden dem Mitarbeiter für den Zeitraum vom *14.09.2023* bis *20.09.2023* Freischichten zugewiesen.

Wie im Infotyp »Zeitereignisse« kann auch hier die Kostenzuordnung geändert werden. Die entsprechende Drucktaste Kostenzuordnung befindet sich in der Funktionstastenleiste; Abbildung 2.9 zeigt das sich dann öffnende Pop-up mit den Eingabefeldern.

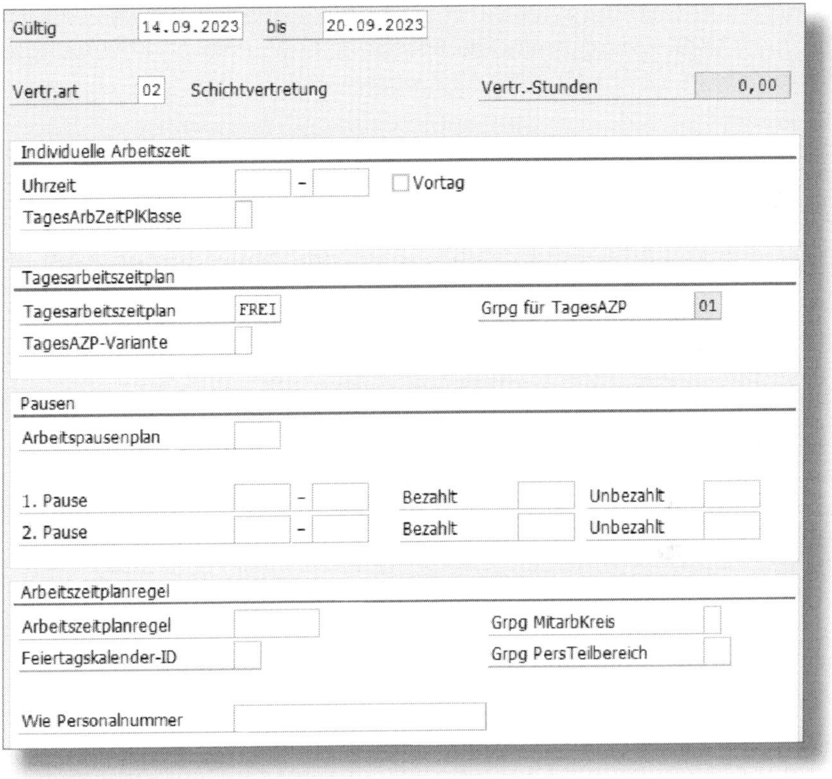

Gültig 14.09.2023 bis 20.09.2023

Vertr.art 02 Schichtvertretung Vertr.-Stunden 0,00

Individuelle Arbeitszeit

Uhrzeit - Vortag

TagesArbZeitPlKlasse

Tagesarbeitszeitplan

Tagesarbeitszeitplan FREI Grpg für TagesAZP 01

TagesAZP-Variante

Pausen

Arbeitspausenplan

1. Pause - Bezahlt Unbezahlt

2. Pause - Bezahlt Unbezahlt

Arbeitszeitplanregel

Arbeitszeitplanregel Grpg MitarbKreis

Feiertagskalender-ID Grpg PersTeilbereich

Wie Personalnummer

Abbildung 2.8: Zuweisung von Vertretungen

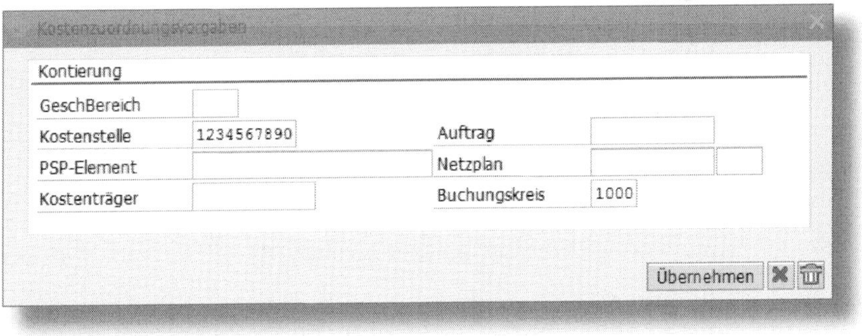

Kostenzuordnungsvorgaben

Kontierung

GeschBereich

Kostenstelle 1234567890 Auftrag

PSP-Element Netzplan

Kostenträger Buchungskreis 1000

Übernehmen

Abbildung 2.9: Kostenzuordnung in Infotypen der Zeitwirtschaft

Für die Zeit der Vertretung – in unserem Beispiel vom *14.09.2023* bis *20.09.2023* – werden hier die Kosten dem alternativen Kostenträger KOSTENSTELLE *1234567890* zugewiesen.

> **! Verarbeitung von Kontierungsinformationen in der Abrechnung**
>
> Die Kontierungsinformationen in den Infotypen der Zeitwirtschaft haben nur eine Umbuchung der Primärkosten auf die erfassten Kostenträger zur Folge, nicht aber die der Sekundärkosten, wie z. B. Sozialversicherungskosten. Das Systemverhalten ist hier anders als im Infotyp *0027* (Kostenverteilung).

Abwesenheitskontingente (Infotyp 2006)

In diesem Infotyp werden Abwesenheitsansprüche bzw. Zeitguthaben der Mitarbeiter abgebildet. Das Zeitkonto kann in Tagen oder Stunden geführt werden. Ein Beispiel zeigt Abbildung 2.10.

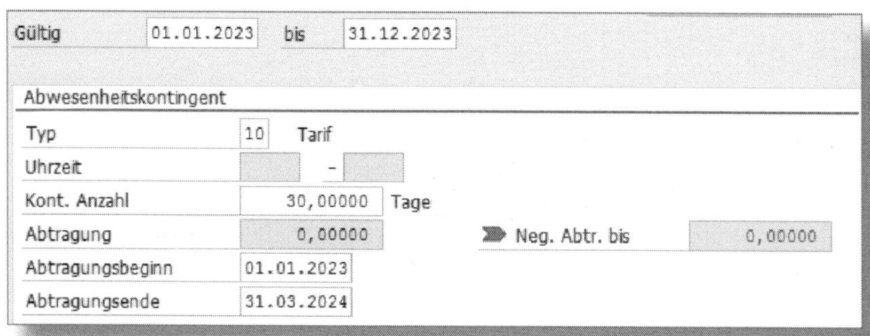

Abbildung 2.10: Infotyp 2006

Folgende Zeitkonten werden beispielsweise mit diesem Infotyp geführt:

- Jahresurlaub,
- Kompensationskonten – für geleistete Mehrarbeitsstunden, die der Mitarbeiter als Freizeit geltend machen kann.

Der **Aufbau** von Abwesenheitskontingenten kann auf verschiedene Arten erfolgen. Sie können manuell erfasst, durch Reports generiert oder durch die Zeitauswertung aufgebaut werden. Dafür ist im Customizing die entsprechende Generierungsregel zu hinterlegen. Diese finden wir im IMG-Pfad unter PERSONALZEITWIRTSCHAFT • ZEITDATENERFASSUNG UND -VERWALTUNG • VERWALTUNG VON ZEITKONTEN DURCH AN-/ABWESENHEITSKONTINGENTE.

Abbildung 2.11 zeigt das Customizing zu den Generierungsregeln.

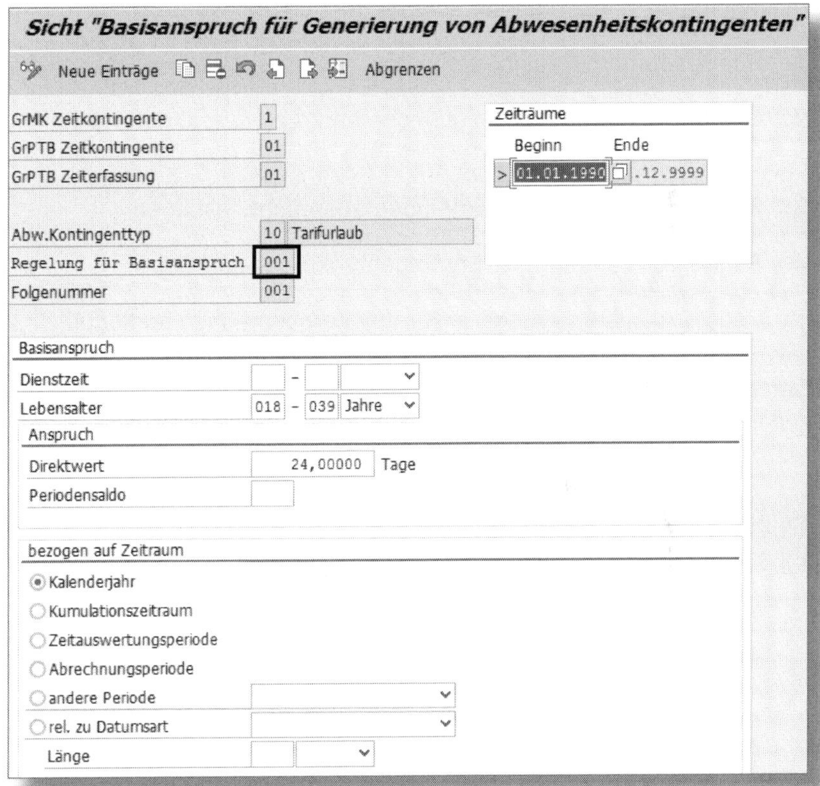

Abbildung 2.11: Generierungsregeln für Abwesenheitskontingente

Die Zuweisung von BASISANSPRÜCHEN zu Mitarbeitern kann sehr differenziert in drei unterschiedlichen Gruppierungen erfolgen:

- Mitarbeiterkreise für Zeitkontingente,
- Personalteilbereiche für Zeitkontingente,
- Merkmal QUOMO (Kontingenttypauswahlregelgruppe festlegen).

Notfalls gibt es noch den Infotyp *3355*, der das Merkmal QUOMO übersteuert. Und auch bei den weiteren Feldern des Infotyps stehen viele Möglichkeiten zur Verfügung, die Regeln individuell zu definieren, sodass dem Gestaltungsspielraum kaum Grenzen gesetzt sind. Allgemein gültig ist, dass folgende Schritte durchlaufen werden müssen:

1. Basisanspruch (Regeln) definieren,
2. Gültigkeitszeitraum/Abtragungszeitraum pro Kontingenttyp definieren,
3. Regeln zur Kürzung der Kontingentansprüche festlegen,
4. Regeln zur Rundung der Kontingentansprüche festlegen,
5. Regeln zur Übertragung von Kontingentansprüchen festlegen.

Letzten Endes müssen Sie alles in den Generierungsregeln (Auswahlregeln) zusammenfassen, die durch Abbildung 2.12 veranschaulicht werden.

Sollten die Möglichkeiten des Customizings nicht genügen, so steht Ihnen eine Reihe von User-Exits zur Verfügung:

- Anwendbarkeit der Auswahlregel (EXIT_SAPLHRV_001),
- Vorgaben für die Verarbeitung des durch die Zeitauswertung ermittelten Kumulationsanspruches (EXIT_SAPLHRV_002),
- Regeln zur Kürzung der Kontingentansprüche (EXIT_SAPLHRV_003),
- Vorgaben zur Verarbeitung der ermittelten Basisansprüche (EXIT_SAPLHRV_004),
- Überleitungsvorgabe: Veränderung der Ergebnisse der Kontingentgenerierung (EXIT_SAPLHRV_005),

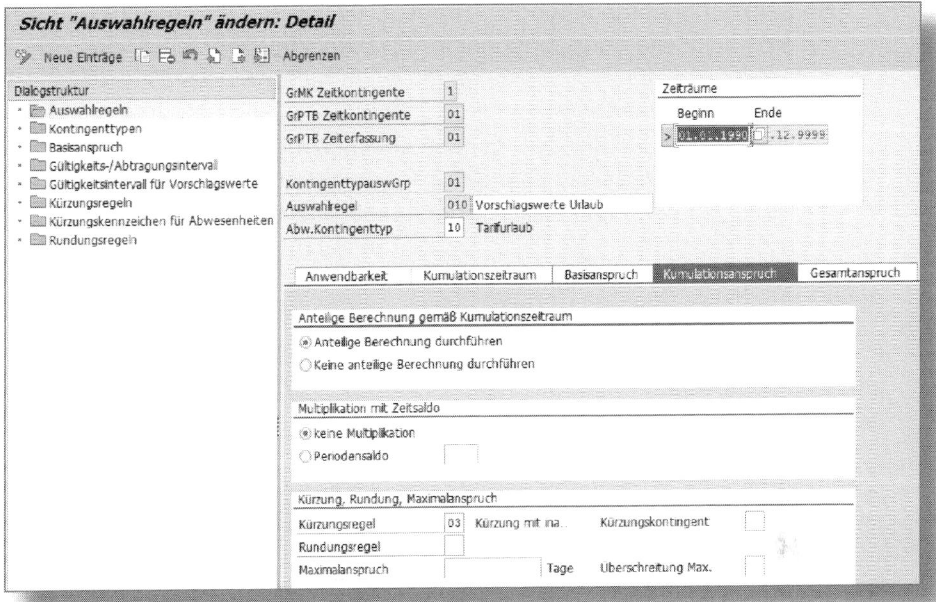

Abbildung 2.12: Customizing Auswahlregeln

- Verarbeitung von individuellen Regelungen zur Bestimmung des Ein- und Austrittsdatums (EXIT_SAPLHRV_006).

Wir haben damit das Thema »Abwesenheitsansprüche« sicherlich nicht umfänglich behandelt. Wichtig ist uns, zu zeigen, welche Schritte bei der Systemkonfiguration durchzuführen sind, und dass es dazu eine Vielzahl an Parametern gibt, mit denen die Kundenanforderungen abzudecken sein sollten.

Der **Abbau** von Kontingenten geschieht üblicherweise anhand von Abwesenheitsarten (Infotyp *2001*). Er kann aber auch durch die Zeitauswertung erfolgen oder durch andere Infotypen beeinflusst werden, wie

- Kontingentkorrekturen (Infotyp *2013*): In diesem Infotyp kann Einfluss auf durch die Zeitauswertung oder durch einen Report generierte Kontingentansprüche genommen werden. Die Kontingente können erhöht bzw. verringert oder auf einen Festwert gesetzt werden.

- Zeitkontingentabgeltungen (Infotyp *0416*): Sie ermöglichen die finanzielle Vergütung eines Abwesenheitsanspruches, der noch nicht durch Abwesenheiten abgetragen wurde. Es wird das noch nicht abgetragene oder abgegoltene Kontingent vorgeschlagen und um den manuell angegebenen Wert reduziert. Der Infotyp wird nicht über das Zeitauswertungsschema eingelesen, sondern nur in der Entgeltabrechnung verarbeitet.

Anwesenheitskontingente (Infotyp 2007)

In diesem Infotyp führen Sie Zeitkonten, die Anwesenheitsgenehmigungen repräsentieren. Er wird häufig für Prozesse der Mehrarbeitsgenehmigung genutzt.

Dabei wird für einen bestimmten Zeitraum und zu bestimmten Uhrzeiten eine festgelegte Anzahl von Mehrarbeitsstunden genehmigt.

Anwesenheitskontingente werden manuell für einen einzelnen Mitarbeiter oder über die Schnellerfassung für eine Gruppe von Mitarbeitern erfasst. Nimmt ein Mitarbeiter eine Genehmigung in Anspruch, trägt die Zeitauswertung entsprechend der geleisteten Arbeitszeit Zeiteinheiten vom Konto ab.

Inhaltlich identische Anwesenheitskontingente wie Mehrarbeitsgenehmigungen werden mit dem Anwesenheitskontingenttyp (Subtyp) zusammengefasst.

Anwesenheitskontingente sind für einen bestimmten Zeitraum gültig. Nach Ablauf des Gültigkeitszeitraumes können sie nicht mehr in Anspruch genommen werden. Es ist möglich, sie auf festgelegte Uhrzeiten einzuschränken, wie Abbildung 2.13 darstellt.

Mehrarbeitsgenehmigung im Infotyp 2007

Mitarbeiter erhalten im Monat Mai die Genehmigung, von *16:30* bis *20:30* Uhr Mehrarbeiten zu leisten. Im gesamten Monat sind ihnen aber nicht mehr als *20* Extrastunden erlaubt.

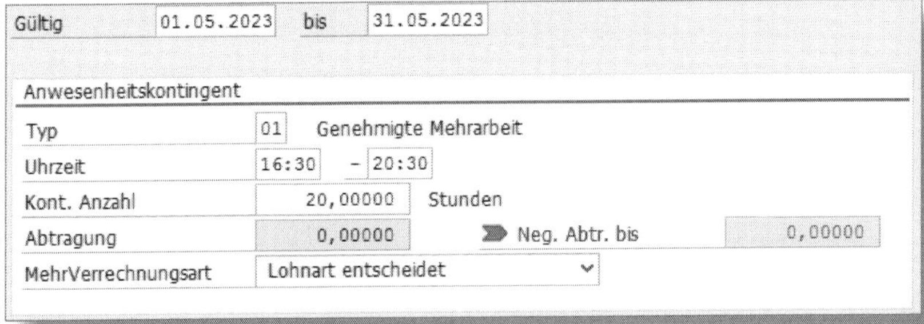

Abbildung 2.13: Infotyp 2007

Zeitumbuchungsvorgaben (Infotyp 2012)

Mit Zeitumbuchungen haben Sie die Möglichkeit, die durch die Zeitauswertung ermittelten Zeitsalden zu verändern oder Fehler z. B. bei der Pausenberechnung manuell zu korrigieren. Ebenso können durch sie Lohnarten erzeugt und somit Informationen in die Abrechnung übergeleitet werden.

Anwendung der Zeitumbuchung

- Der Gleitzeitsaldo eines Mitarbeiters hat einen Überhang von zehn Stunden. Diese Zeit soll mit einer Lohnart vergütet werden.
- Das Gleitzeitsaldo eines Mitarbeiters soll um fünf Stunden gekürzt und in eine Zeitlohnart umgewandelt werden.

Aus der jeweiligen Bezeichnung der Zeitumbuchungsart entnehmen Sie in den meisten Fällen, welche Veränderungen die Zeitumbuchungsvorgabe bewirkt. Kundeneigene Zeitumbuchungsvorgaben sind im 9000er-Bereich anzulegen, wie z. B. die Auszahlung eines Arbeitszeitkontos. Diese bewirkt in der Regel eine Verringerung des Zeitkontos bei gleichzeitiger Auszahlung der Stunden durch eine Zeitlohnart.

Gültigkeit bei Zeitumbuchungen

Zeitumbuchungsvorgaben beziehen sich immer auf einen Gültigkeitstag. Ist ein größerer Gültigkeitszeitraum angegeben, wird an jedem Tag dieser Periode eine Zeitumbuchung vorgenommen.

Weitere Infotypen der Zeitwirtschaft

Neben den bereits aufgeführten Infotypen gibt es noch weitere, landesspezifische Infotypen, die insbesondere der Auswertung von Abwesenheiten dienen und nicht durch die Zeitauswertungsschemen *TM00* oder *TM01* verarbeitet werden. Beispiele für diese Infotypen sind:

- 0080 Mutterschaft/Erziehungsurlaub De,
- 0081 Wehr-/Zivildienst DE,
- 0243 Erg. Abwes.daten CZ,
- 3229 Abwesenheiten: Zusätzliche Daten AR,
- 3260 Abwesenheitskontingente HU.

Damit sind die Infotypen der Zeitwirtschaft hinreichend beschrieben, und wir können uns deren Verarbeitung zuwenden.

2.2 Praxis der Datenerfassung

Es gibt verschiedene Erfassungsmöglichkeiten für Zeitwirtschaftsdaten, die nachfolgend dargelegt werden sollen. Technisch werden die meisten erfassten Daten in den im Rahmen der vorherigen Abschnitten genannten Infotypen gespeichert.

Je nach Ausprägung der betriebswirtschaftlichen Prozesse muss entschieden werden, welche der genannten Erfassungsvarianten genutzt wird.

2.2.1 Klassische Zeitdatenpflege

In der *Zeitdatenpflege* (Transaktion *PA61*) werden die für Zeitwirtschaft verwendeten Infotypen aufgelistet. Die in den vorhergehenden Abschnitten beschriebenen Infotypen sind hier in verschiedenen Reitern aufgelistet. Die Transaktion ähnelt im Bildaufbau der Datenerfassung für die generelle Personalstammdatenpflege (*PA30*), allerdings mit einer anderen Auswahl an Infotypen sowie einer abweichenden Bearbeitungsleiste, wie Abbildung 2.14 zeigt.

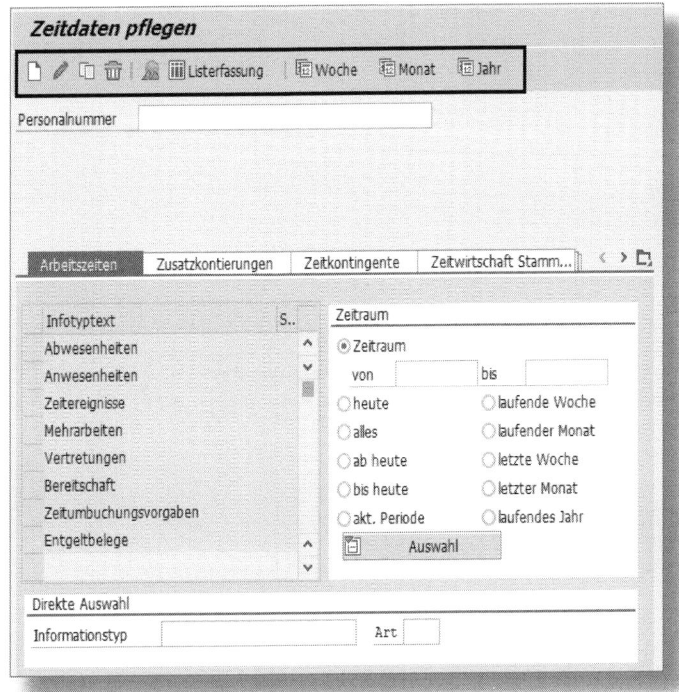

Abbildung 2.14: Zeitdaten pflegen

Diese enthält zusätzlich die Buttons LISTERFASSUNG, WOCHE, MONAT und JAHR. Insbesondere die Listerfassung ist hilfreich, wenn Daten für mehrere Tage einzupflegen sind.

2.2.2 Schnellerfassung PA71

Mit der Schnellerfassung der Zeitdaten, siehe Abbildung 2.15, wird ein Infotyp für mehrere Mitarbeiter erfasst oder verändert.

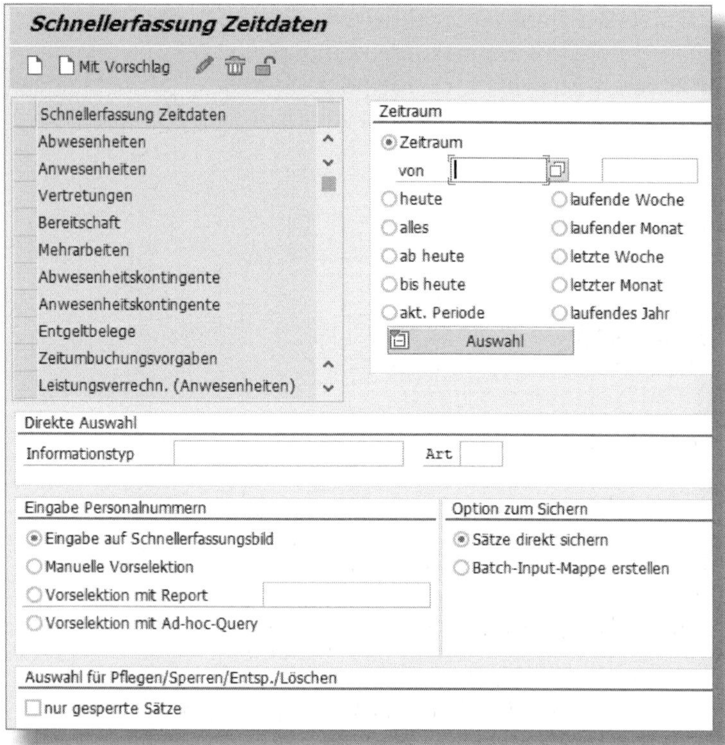

Abbildung 2.15: Schnellerfassung

Die Vorselektion der zu pflegenden Mitarbeiter kann manuell, per Report oder per Ad-hoc-Query geschehen. Wir können die Zeitdaten direkt anlegen oder zunächst in einer Batch-Input-Mappe speichern.

Bei immer wiederkehrenden komplexen Selektionen (Sachverhalten) bietet sich die Speicherung der Selektion als *Reportvariante* oder als *Ad-hoc-Query-Variante* an.

2.2.3 TMW – Arbeitsplatz Personalzeitmanagement

Der *Time Manager's Workplace* (*TMW*) ist eine Oberfläche zur Bearbeitung von Zeitdaten. Es werden alle zeitrelevanten Daten sowie Meldungen aus der Zeitauswertung auf ein und derselben Oberfläche angezeigt. Der TMW ist somit eine komfortable Möglichkeit, über die Sie alle zeitrelevanten Änderungen schnell prüfen und erfassen können.

Der TMW setzt sich aus mehreren *Bildbereichen* zusammen. Je nachdem, welche Informationen und welchen Funktionsumfang Sie Ihren Zeitbeauftragten zur Verfügung stellen wollen, können die Bildbereiche (vgl. Abbildung 2.16) angepasst werden (zur Konfiguration der Oberfläche siehe Abschnitt 3.7).

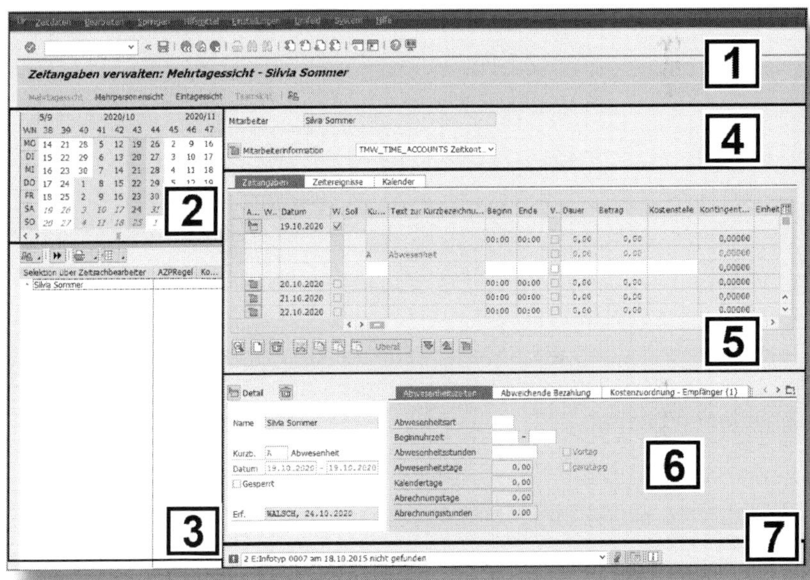

Abbildung 2.16: TMW – Bildbereiche

❶ Menüleiste

❷ Zeitraumauswahl

❸ Mitarbeiterliste

❹ Infobereich

❺ Zeitangabenerfassung

❻ Detailangaben

❼ Dialogmeldungen

Die *Menüfunktionen* sind die in der Menü- und Funktionsleiste verfügbaren Funktionen. So können wir z. B. über den Menüpunkt SPRINGEN zwischen den Aufgaben *Zeitangaben bearbeiten* und *Meldungen bearbeiten* wählen. Welche der beiden nach Aufruf der Transaktion angezeigt wird, legen Sie über die *Aufgabe* (technisch: TSK) fest, IMG-Pfad MENÜGESTALTUNG • AUFGABENAUSWAHL FESTLEGEN. Auf die Konfiguration werden wir detailliert in Abschnitt 3.7 eingehen, daher schauen wir uns zunächst nur die Unterpunkte zu den Aufgaben an, die als *Sichten* bezeichnet werden. Sie bestimmen, welche Auswahl zur Verfügung steht und welche Sicht als Defaultwert eingetragen ist. Bei der Aufgabe »Zeitdaten bearbeiten« können dies die Sichten *Mehrpersonen-*, *Mehrtages-* oder *Eintagessicht* (technisch: VTD), bei »Meldungen bearbeiten« (siehe Abbildung 2.17) die *Mitarbeitersicht* und die *Meldungssicht* (technisch: VWL) sein.

Abbildung 2.17: TMW – Menüfunktionen

Betrachten wir noch die unterschiedliche Gestaltung der Bildbereiche *Infobereich* und *Zeitangabenerfassung* in Abhängigkeit von den verschiedenen Sichten.

Zeitangaben verwalten: Mehrpersonensicht

In der *Mehrpersonensicht* werden verschiedene Personen aufgerufen, um z. B. für diese Gruppe einen Tag Sonderurlaub schnell und einfach erfassen zu können. In dieser Sicht entfallen allerdings die spezifischen Mitarbeiterinformationen, wie in Abbildung 2.18 dargestellt.

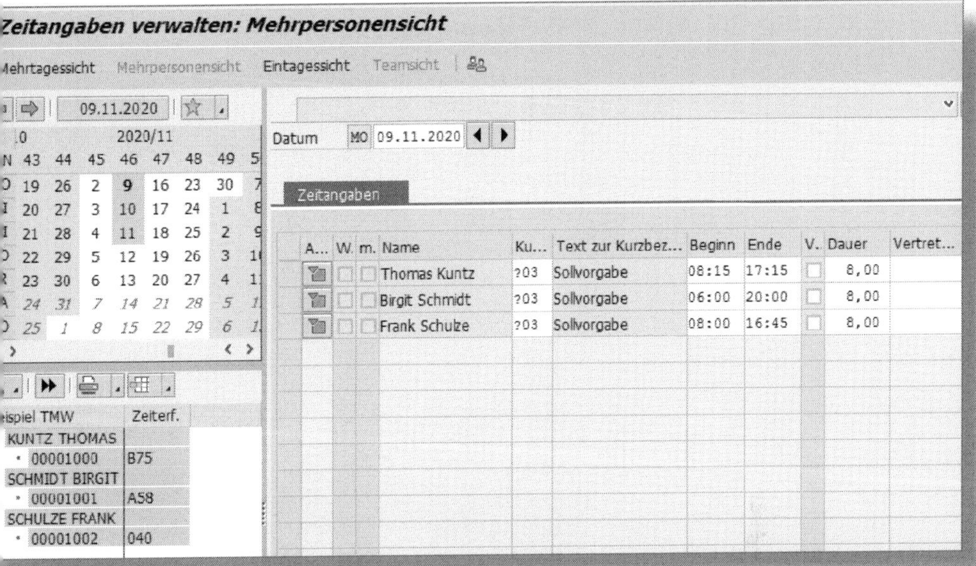

Abbildung 2.18: TMW – Mehrpersonensicht

Sie selektieren eine Auswahl an Personen, indem Sie die Personalnummern bei gleichzeitigem Drücken der `Strg`-Taste markieren und mit der Drucktaste ⏩ in den Bildbereich ZEITANGABENERFASSUNG übernehmen.

Zeitangaben verwalten: Mehrtagessicht, Eintagessicht

In der *Mehrtagessicht* sehen wir zu einer Person mehrere selektierte Tage aus dem Kalender und können z. B. die ABWESENHEITSART *Urlaub* für die komplette Woche pflegen, siehe hierzu Abbildung 2.19.

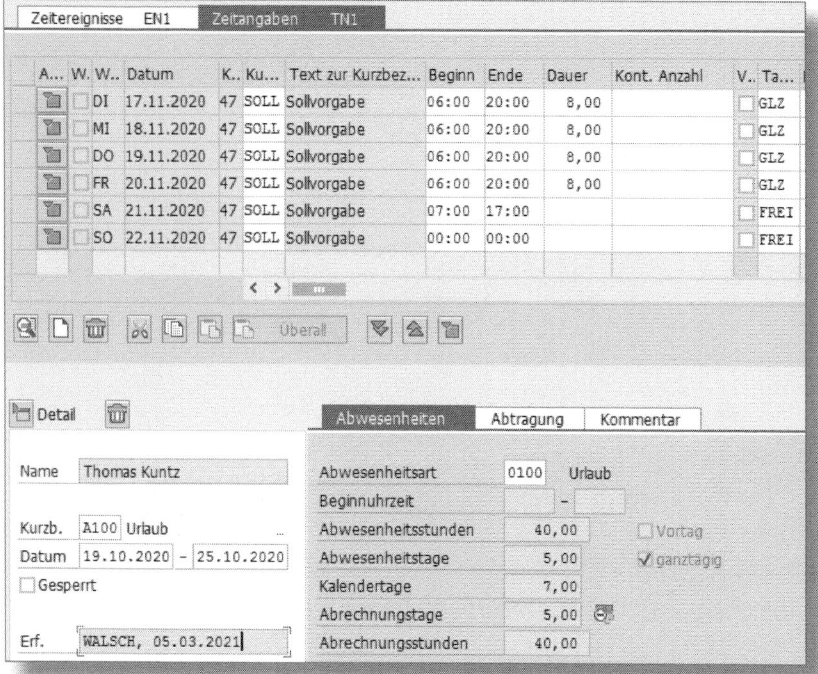

Abbildung 2.19: TMW – Mehrtagessicht

In der *Eintagessicht* werden die An- und Abwesenheit für eine Person an nur einem Tag hinterlegt. Hier stehen zudem weitere Felder für die Erfassung der Zeitangaben zur Verfügung. So kann der Zeitbeauftragte die Daten sehr komfortabel je nach Bedarf pflegen.

Meldungen bearbeiten: Meldungssicht, Mitarbeitersicht

In diesen beiden Sichten werden nur Mitarbeiter angezeigt, für die Fehler in der Zeitauswertung vorliegen. Wir können nach MITARBEITER (Mitarbeitersicht) oder nach MELDUNGEN (Meldungssicht) sortieren.

Die Sicht »Meldungen bearbeiten« eignet sich damit insbesondere zur Nachbearbeitung der Zeitauswertung, siehe auch Abschnitt 2.5.1.

2.2.4 Employee & Manager Self Service

Als Employee Self Service (*ESS*) versteht man eine webbasierte Anwendung, mit der ein Mitarbeiter eigene Daten selbst pflegen bzw. vorerfassen kann. Darüber hinaus kann ein Genehmigungsprozess mittels der erfassten Daten ausgelöst werden.

Durch den personalisierten Zugriff der Mitarbeiter auf die eigenen Daten und Prozesse der Personalwirtschaft über Benutzerkennung und Passwort werden Abläufe der Personalverwaltung vereinfacht, beschleunigt und vereinheitlicht.

ESS in der Zeitwirtschaft

- Erstellung und Abgabe eines Urlaubsantrags
- Anforderung des eigenen Zeitnachweises
- Korrektur von Zeitbuchungen

Durch die Einführung von ESS- und *MSS*-(Manager-Self-Service-)Prozessen werden Tätigkeiten aus der Personalabteilung an den Mitarbeiter direkt delegiert. Ferner liegen Belege (z. B. Urlaubsscheine) digitalisiert vor, sodass ein manueller Transfer entfällt. Welche Möglichkeiten die Datenerfassung durch den Mitarbeiter und Vorgesetzten bietet und wie sie zu konfigurieren ist, werden wir detailliert in Abschnitt 3.1 beschreiben. Dort sind ebenso die Oberflächen abgebildet, sodass wir an dieser Stelle nicht näher darauf eingehen wollen.

2.2.5 PEP Personaleinsatzplanung

Über die Personaleinsatzplanung (*PEP*) passen Sie für eine Gruppe von Mitarbeitern Arbeitszeiten auf Basis der Tagesarbeitspläne an. Sie ist in der Lage, diese Anpassungen automatisch vorzunehmen und dabei Bedarfe des Unternehmens und Präferenzen der Mitarbeiter bezüglich Arbeitszeiten zu berücksichtigen.

Die Personaleinsatzplanung zeigt Abweichungen zum Plan z. B. aufgrund von Abwesenheiten auf. Diese Abweichungen können Sie in der Anwendung direkt bearbeiten, indem Sie Teammitgliedern andere Tagesarbeitszeitpläne zuordnen, Mitarbeiter temporär in andere Abteilungen abordnen, bzw. von anderen Abteilungen zugewiesen bekommen. Die Grundlage der Mitarbeiterselektion bildet jeweils das Organisationsmanagement, d. h. Mitarbeiter einer oder mehrerer Organisationseinheiten.

Durch die Option, mittels der PEP Bedarfe zu definieren und einen Algorithmus zu hinterlegen, der einen automatischen Abgleich mit den Arbeitszeitplänen der Mitarbeiter durchführt, kann die Einführung allerdings komplex werden. Wir wollen aber an dieser Stelle diese beiden Aspekte außer Acht lassen und die PEP rein als »Stecktafel« des Teamleiters zur Planung der Arbeitszeiten des Teams und insbesondere zur dezentralen Erfassung der Abwesenheiten der Teammitglieder nutzen. Wir gehen also davon aus, dass der Planer sowohl die Bedarfe als auch die Präferenzen und Qualifikationen der Mitarbeiter kennt – ein Szenario, welches uns für kleinere Teams realistisch erscheint.

Anders als in vielen anderen Prozessen der Zeitwirtschaft werden zukunftsbezogene Planungsdaten erfasst, welche aber, sofern deren Speicherung erfolgt, in die in Abschnitt 2.1.1 genannten Infotypen geschrieben werden. Die Personaleinsatzplanung ist somit voll in das Modul »Zeitwirtschaft« integriert.

Der Aufbau der PEP wird schematisch in Abbildung 2.20 dargestellt.

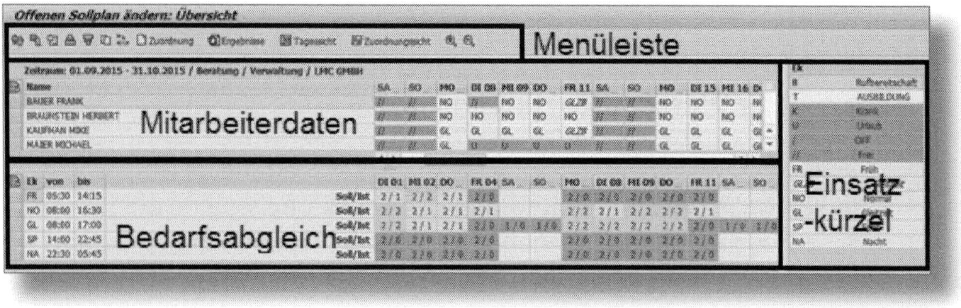

Abbildung 2.20: Übersicht PP61

Es können bis zu vier weitere Zusatzinformationen wie z. B. PERSONALNUMMER, TELEFONNUMMER u. Ä. eingeblendet werden. Jeder Planer kann sich die von ihm benötigten Informationsspalten selbst aus dem zuvor konfigurierten Infospaltenvorrat selektieren. Zugrunde gelegt werden können:

- Zeitdaten (Zeitauswertungsergebnisse, Tabelle »Saldo« des jeweiligen Monats oder Vorperiode),
- Lohnarten (aus Cluster, aktueller Monat oder Vormonat,
- Fehlermeldungen aus der Zeitauswertung,
- frei definierbare Informationen (können bis zu 80 Zeichen enthalten und müssen in einem Funktionsbaustein ausprogrammiert werden).

Die PEP verwendet verschiedene Benutzerparameter, um individuelle Einstellungen abzuspeichern (siehe Tabelle 2.1). Diese erleichtern dem Benutzer die Arbeit, da das Layout vordefiniert werden kann.

Benutzerparameter	Beschreibung
PE1	Einstiegsprofil zur Personaleinsatzplanung
PE4	Objekt-IDs für Einstieg Einsatzplanung
PE_BOX_OFF	Kürzelbox Einsatzplanung ausgeblendet
PE_DETAIL	Einsatzplan: Informationszeile ein-/ausblenden
PE_INFO	Benutzerspezifische Infospaltenkonfiguration einblenden
PE_PLAN	Einstieg in Einsatzplanung mit Soll- oder Istplan

Tabelle 2.1: Benutzerparameter PEP

SAP unterscheidet die Begriffe *Sollplan* und *Istplan*. In ersterem werden die Änderungen zum Arbeitszeitplan eingegeben. Sobald alles vollständig erfasst ist, kann der Sollplan abgeschlossen werden und wandelt sich zum Istplan. Dieser lässt sich nicht weiter bearbeiten.

Die Einsatzplanung wurde in erster Linie konzipiert, um einen automatischen Abgleich von Bedarfen und verfügbaren Mitarbeitern durchzuführen. Die Möglichkeiten dieses Tools in Bezug auf die Zeitdatenerfassung sind jedoch (leider) begrenzt, denn wir haben keine Möglichkeit, den Prozess der Nachbereitung in der Zeitwirtschaft durchzuführen. Somit sind die Erfassung von Zeitbuchungskorrekturen oder eine Bearbeitung von Mehrarbeiten nicht durchführbar. Auch die Oberfläche wurde in den letzten Jahren nicht weiterentwickelt.

Add-ons zur Personaleinsatzplanung

Es gibt einige Add-ons am Markt, die auf Basis der PEP Zusatzentwicklungen anbieten, um diese fehlende Funktionalität abzudecken.

2.2.6 Zusammenfassung

Wir halten fest: Es gibt verschiedene Optionen, Zeitdaten zu erfassen; jede einzelne hat Vor- und Nachteile, die in Tabelle 2.2 zusammengefasst sind.

Oberfläche	Massenpflege	Einzelpflege	Mehrtagessicht	Oberfläche änderbar	Adressat
PA61 Zeitdatenpflege	nein	ja	ja	eingeschränkt	Power-User
PA62 Listerfassung	nein	ja	ja	Spaltenauswahl	selten genutzt
PA71 Schnellerfassung	ja	nicht zu empfehlen	nein	nein	Power-User
TMW	ja	ja	ja	ja	Zeitbeauftragte, Teamleiter, Assistenz
ESS	nein	ja	nein	ja	alle Mitarbeiter
PEP Personaleinsatzplanung	ja	ja	ja	eingeschränkt	Zeitbeauftragte, Schichtführer

Tabelle 2.2: Übersicht Zeitdatenerfassung

Welche Variante eingesetzt werden sollte, kann nicht pauschal empfohlen werden, sondern hängt von verschiedenen Faktoren ab, wie etwa:

- Wer erfasst die Daten?
- Sollen diese zentral oder dezentral erfasst werden?
- Haben die Mitarbeiter einen Zugang zum SAP-System?

In der Praxis sind alle Varianten vertreten, wobei neben dem TMW auch ESS/MSS und neue UI5-Technologien wie HR Renewal in den letzten Jahren an Bedeutung gewonnen haben. Da diese Oberflächen zudem vielfältig anpassbar sind, werden wir auf deren Konfiguration detailliert in Kapitel 3 eingeben.

2.2.7 Exkurs Kollisionsprüfungen

Unabhängig davon, welche Form der Zeitdatenerfassung Sie wählen: Allen ist gemein, dass bei der Erfassung Prüfungen auf Plausibilität ablaufen. Eine davon ist die *Kollisionsprüfung*.

Im Abschnitt 2.1.1 haben wir schon die Erfassung von Abwesenheiten über den Infotyp *2001* sowie die Bedeutung der Tabelle *T554S* im Hinblick auf die Oberflächen und die Berechnung von Abwesenheitsstunden und Tagen beschrieben. Ein weiteres Attribut von An- und Abwesenheiten ist die *Zeitbindungsklasse*. Mit dieser (Customizing: ZEITDATENERFASSUNG UND -VERWALTUNG • ABWESENHEITEN • ABWESENHEITSKATALOG • ERFASSUNGSBILDER UND ZEITBINDUNGSKLASSEN FESTLEGEN) werden Subtypen eines Zeitwirtschaftsinfotyps zusammengefasst, die eine gleiche Zeitbindungsreaktion haben sollen. Die Zeitbindungsreaktion wird anhand eines Reaktionskennzeichens festgelegt.

Kollisionsprüfungen

Ein Mitarbeiter hat für eine komplette Woche Urlaub beantragt. Dieser wurde bereits durch den Vorgesetzten genehmigt und im Infotyp *2001* gespeichert. Am Anfang der Urlaubswoche meldet sich der Mitarbeiter krank und reicht in der Personalabteilung eine Arbeitsunfähigkeitsbescheinigung ein. Der Zeitbeauftrage erfasst die Anwesenheit »Krankheit«. Das System erkennt die Kollision mit der Abwesenheit »Urlaub« und schlägt vor, den Urlaubssatz zu löschen.

Jeder geplante Arbeitstag muss belegt sein, aber Zeitdaten dürfen sich nicht überschneiden. Es wird also erkannt, dass die Abwesenheit »Krankheit« zwingend eingetragen werden muss, diese Abwesenheitsart also »höherwertiger« ist und daher der Urlaub weichen muss, damit nur ein Ereignis vorliegt. Es wäre natürlich auch ein anderes Systemverhalten denkbar, welches uns beispielsweise nicht erlauben würde, Daten zu erfassen, wie Tabelle 2.3 verdeutlicht.

Reaktions-kennzeichen	Bedeutung
A	Der neue Satz ersetzt den zuvor erfassten, d. h. die Erfassung zum **A**bgrenzen des bestehenden Satzes.
E	Der neue Satz kann nicht hinzugefügt werden, es wird eine Fehlermeldung (**e**rror) ausgegeben.
W	Der neue Satz kann hinzugefügt werden, es wird allerdings eine **W**arnmeldung ausgegeben.
N	Der neue Satz kann hinzugefügt werden, es wird keine (**n**o) Warnmeldung ausgegeben.

Tabelle 2.3: Reaktionskennzeichen bei Kollisionen

! Änderung der Reaktionskennzeichen

Reaktionskennzeichen definieren sich nur über die Zeitbindungsklasse und sind somit unabhängig von der Gruppierung des Personalbereichs/-teilbereichs oder einer Ländergruppierung. Anpassungen an den Reaktionskennzeichen sind daher nur eingeschränkt möglich.

Die SAP-Standardauslieferung zu den Abwesenheiten erteilt sinnvolle Vorschläge für Kollisionsprüfungen.

Mit den vorgestellten Varianten der Zeitdatenerfassung können die geplanten Abweichungen vom Arbeitszeitplan erfasst werden, sodass wir uns nun dem Prozess der Behandlung von zusätzlichen Arbeitszeiten zuwenden können.

2.3 Genehmigungs- und Mehrarbeitsprozesse

2.3.1 Was sind Mehrarbeiten in der SAP-Zeitwirtschaft?

Mit *Mehrarbeiten* werden alle Leistungsphasen bezeichnet, die über die Sollzeit hinausgehen. Sie stellen somit Abweichungen von der geplanten Arbeitszeit dar, die wir der Zeitauswertung »erklären« müssen. Als Betrachtungszeitraum für Mehrarbeiten wird häufig der Tag herangezogen, aber auch eine wöchentliche oder monatliche *Mehrarbeitsbetrachtung* ist möglich und wird durch die Zeitauswertung unterstützt. Wir können Mehrarbeiten genehmigen und dazu festlegen, ob sie vergütet oder kompensiert werden sollen. Sollte die Zeit nicht genehmigt sein, wird sie durch die Zeitauswertung nicht weiter berücksichtigt.

2.3.2 Welche Genehmigungsprozesse unterstützt die SAP-Zeitwirtschaft?

Genehmigungen können durch verschiedene Personen im System erfasst werden:

- Mitarbeiter der Personalabteilung (Sachbearbeiter Personaladministration),
- Zeitbeauftragte (Sachbearbeiter Zeitwirtschaft),
- Vorgesetzte (laut Organisationsmanagement).

☛ Vier-Augen-Prinzip bei Genehmigungen

Sie können auch mehrere Genehmiger festgelegen und dadurch ein Vier-Augen-Prinzip realisieren. Zwar können Zeitdaten in Infotypen im ersten Schritt gesperrt erfasst und dann freigegeben (entsperrt) werden, doch empfiehlt sich für komplexere Genehmigungsprozesse häufig ein Workflow.

Am häufigsten ist sicherlich die Konstellation, dass Mehrarbeiten durch den Vorgesetzten gemeldet und durch den Zeitbeauftragten im System erfasst werden.

2.3.3 Welches sind die verschiedenen Genehmigungsarten?

Die Mehrarbeitsgenehmigungen lassen sich in verschiedene Arten unterteilen.

Pauschale Mehrarbeitsgenehmigungen

1. *generelle Mehrarbeitsgenehmigung* für alle Mitarbeiter über die *Personalrechenregeln* des Zeitauswertungsschemas,
2. *pauschale Mehrarbeitsgenehmigung* abhängig vom Tagesarbeitszeitplan, vgl. Abschnitt 1.3.5,
3. *mitarbeiterindividuelle pauschale Mehrarbeitsgenehmigung* über den Infotyp »Zeiterfassungsinformation« (*0050*)
   In diesem Fall kann in der Zeitauswertung der Wert des Feldes PAUSCHALE MEHRARBEIT, siehe Abbildung 1.14, z. B. über die Musterpersonalrechenregel *TO10* ausgewertet werden.

☛ Dynamische Schichterkennung als Mehrarbeitsgenehmigung

Sie können die dynamische Tagesarbeitsplanzuordnung nutzen, um z. B. an arbeitsfreien Tagen tatsächliche Arbeit als Mehrarbeit anrechnen zu lassen, indem Sie an diesen Tagen einen Null-Sollstundenplan mit automatischer Mehrarbeitsgenehmigung dynamisch durch die Zeitauswertung zuordnen lassen.

Zeitliche begrenzte Genehmigungen

Dem Mitarbeiter können individuelle, zeitlich eingeschränkte Mehrarbeitsgenehmigungen über die Infotypen »Anwesenheitskontingente« *2007* (Positivzeitwirtschaft) oder *2005* (Negativzeitwirtschaft) erteilt werden.

Garantierte Mehrarbeiten

In der Praxis eher selten, aber dennoch durch das System abbildbar ist die Ermittlung von Mehrarbeit unabhängig von der tatsächlichen Arbeitszeit als *garantierte Mehrarbeit*.

2.3.4 Was sind Mehrarbeitsverrechnungsarten?

Zusätzlich zur Identifikation der Mehrarbeit und ihrer Genehmigung müssen wir festlegen, ob sie bezahlt oder in ein Zeitkonto kumuliert wird. Dies bestimmt die *Mehrarbeitsverrechnungsart*, die wir in den Infotypen der Zeitwirtschaft *2002*, *2005* und *2007* erfassen können. Im Standard wird aus einem Mehrarbeitszeitintervall eine Lohnart erzeugt und mittels der Mehrarbeitsverrechnungsart gesteuert, ob diese ausbezahlt oder in ein Zeitguthaben umgewandelt werden soll. Mehrarbeitsverrechnungsarten werden im Customizing unter ZEITDATENERFASSUNG UND -VERWALTUNG • MEHRARBEITEN • ARTEN DER MEHRARBEITSVERRECHNUNG DEFINIEREN festgelegt. Sollten Sie hier neue Einträge vornehmen, müssen Sie deren Verarbeitung zusätzlich im Zeitauswertungsschema konfigurieren.

! Kundeneigene Mehrarbeitsverrechnungsarten

Mehrarbeitsverrechnungsarten sind unabhängig von der Gruppierung der Personalteilbereiche, d. h., neue Mehrarbeitsverrechnungsarten gelten für alle Personalnummern innerhalb des Mandanten. Sie können dadurch leider auch für Personalnummern erfasst werden, für die eine Verarbeitung in der Zeitauswertung nicht vorgesehen ist (vgl. hierzu auch Abschnitt 4.2.2).

Wir haben nun alle bekannten Informationen in den Infotypen der Zeitwirtschaft erfasst und wenden uns nachfolgend deren Verarbeitung durch die Zeitauswertung zu.

2.4 Ablauf der Zeitauswertung

Die *Zeitauswertung*, Programmname RPTIME00, berechnet aus den erfassten Zeitdaten, den Stammdaten des Mitarbeiters und auf Basis der hinterlegten Arbeitszeitpläne die tatsächlichen Arbeitszeiten. Das Rahmenprogramm der Zeitauswertung ist international, d. h., anders als im Modul Abrechnung gibt es keine Länderversionen. Die Zeitauswertung verwendet ein Auswertungsschema, wie in den Abschnitten 1.1 und 1.2 angesprochen. Aus diesem ergeben sich spezielle Verarbeitungsanweisungen, etwa für die Negativ- bzw. Positivzeitwirtschaft oder für unterschiedliche Länder.

2.4.1 Wie funktioniert die Zeitauswertung?

Die Zeitauswertung unterteilt die erfasste Arbeitszeit – oder bei Negativzeitwirtschaft die Sollzeit – in *Zeitpaare*. Zeitpaare haben eine Beginn- und Endeuhrzeit und werden durch Attribute beschrieben wie:

- Status aus Paarbildung (Paar ist fehlerfrei, Zeitereignis fehlt etc.),
- Anwesenheitszustand (nicht erfasste Zeit/Pause, anwesend, entschuldigt abwesend),

- Zeitkennung bezüglich Tagesarbeitszeitplan (siehe unten),
- Klasse Verarbeitungstyp/Zeitart,
- Verarbeitungstyp Zeitauswertung,
- Zeitart (vgl. Abschnitt 2.4.2),
- Anzahl Stunden (berechneter Wert),
- Mehrarbeitsverrechnungsart (vgl. Abschnitt 2.3.4),
- Zusatzinformationen wie Kostenzuordnung/Anwesenheit/Abwesenheit,
- Herkunftskennzeichen (Zeitbuchungen, Abwesenheit, Anwesenheit, Mehrarbeit etc.).

Die Zeitpaare innerhalb des Zeitauswertungslaufes sind nicht identisch mit denen, die final im Zeitauswertungscluster abgespeichert werden, denn dort werden nur noch die tatsächlich erfassten Paare abgelegt, während in der Zeitauswertung (technisch: in der *Tabelle TIP*) diese Intervalle noch weiter unterteilt sein können.

2.4.2 Zeitarten und deren Auswertung

In *Zeitarten* werden die Berechnungen der Zeitauswertung abgespeichert. Beispiele dafür sind:

- *0002 Sollzeit* (laut Tagesarbeitszeitplan),
- *0050 Arbeitszeit* (tatsächliche Arbeitszeit innerhalb des Sollzeitrahmens),
- *0040 Mehrarbeit* (Arbeitszeit, die über die Sollzeit des Tages hinausgeht),
- *0005 Gleitzeit* (Arbeitszeit, die über die Sollzeit hinausgeht und in einem Zeitkonto gespeichert werden soll).

Es gibt eine Vielzahl weiterer Zeitarten, die aber leider von der SAP nicht dokumentiert sind, sodass man sich deren Bedeutung selbst erschließen muss.

Zeitarten werden tagesgenau ermittelt, zusätzlich können sie noch in einem Saldo, d. h. einem Periodenwert, kumuliert werden. Ihre Anlage erfolgt im Customizing unter ZEITAUSWERTUNG • EINSTELLUNGEN ZUR AUSWERTUNGSSTEUERUNG • ZEITARTEN DEFINIEREN.

Wie z. B. Zeitpaare gekennzeichnet werden, die innerhalb der Sollzeit liegen oder eine Pause repräsentieren, bestimmt die Tabelle der Zeitartenfindung. Die SAP-Zeitwirtschaft unterscheidet die Zeitkennungen

- Überzeit,
- Füllzeit,
- Kernzeit und
- Pause (mit weiteren Differenzierungen).

Der Standard ist bereits voll konfiguriert. Es sollten nur Anpassungen an der Zeitartenfindung vorgenommen werden, wenn klar ist, wie diese in der Zeitauswertung verarbeitet werden.

Wir können durch Anpassung des Zeitauswertungsschemas innerhalb von *Personalrechenregeln* eigene Zeitarten, etwa für unser Reporting erzeugen. Zwar können wir in diesem Buch nicht auf die vielfältigen Anpassungsmöglichkeiten des Schemas eingehen, jedoch zum grundsätzlichen Verständnis den Programmablaufplan anhand der Tabelle 2.4 erläutern.

Verarbeitungsblock	Aufgabe
Initialisierung	▶ Lesen der Stammdaten ▶ Gruppierungen bilden
Start der Tagesverarbeitung	▶ ggf. Rückrechnung für L-&-G-Abr. setzen ▶ Auswertungen in die Zukunft erlauben
Bereitstellen der Zeitdaten	▶ Lesen der Zeitwirtschaftsinfotypen ▶ Lesen der Abwesenheitsgründe ▶ dynamische TAZPL-Zuordnung
Toleranzen und Fehlerprüfungen	▶ Prüfen auf fehlerhaften Tag ▶ Fehlerprüfungen pro Paar ▶ Verarbeitung Toleranzen aus TAZPL

Verarbeitungsblock	Aufgabe
Sollzeitermittlung	▶ Zeitarten zuordnen ▶ Pausen auswerten ▶ Abwesenheiten verarbeiten
Mehrarbeitsermittlung	▶ Kontingente verarbeiten ▶ pauschale Mehrarbeitsgenehmigungen verarbeiten ▶ wöchentliche Mehrarbeit ermitteln
Zeitlohnarten bilden	▶ Lohnarten für Sollzeit und Mehrarbeit generieren
Mehrarbeitslohnarten verrechnen	▶ Mehrarbeiten in Zeitkonten umbuchen
Zeitkonten führen	▶ Tagessalden bilden ▶ Saldenlimits bearbeiten ▶ Monatssalden bilden
Endeverarbeitung	▶ Abspeichern der Ergebnisse im Cluster

Tabelle 2.4: Aufbau Zeitauswertungsschema TM00

Das Schema *TM00* (Zeitauswertung mit Personalzeitereignissen) lässt sich in zehn Verarbeitungsblöcke unterteilen, durch die Zeitpaare aufgebaut und spezifiziert, Zeitarten erzeugt und diese schließlich in den Zeitauswertungsergebnissen (Cluster B2) abgestellt werden.

☛ Anpassung des Schemas

Auch wenn die Anpassungsmöglichkeiten vielfältig sind, so empfehlen wir, an der grundsätzlichen Struktur keine Veränderungen vorzunehmen, sondern notwendige Anpassungen in den dafür vorgesehenen Blöcken durchzuführen, da dies ansonsten zu unbeabsichtigten Ergebnissen führen kann und insbesondere in Bezug auf die Wartbarkeit des Systems nicht effizient ist.

2.4.3 Generierung von Zeitlohnarten innerhalb der Zeitauswertung

Zeitlohnarten werden zunächst anhand der innerhalb der Zeitauswertung gebildeten Zeitpaare erzeugt. Beispiele dafür sind:

- Grundvergütung bei Stundenlöhnen,
- Mehrarbeitslohnarten,
- Zuschläge für Spät-/Nachtschicht,
- Feiertagszuschläge,
- statistische Zeitlohnarten.

Es können beliebig viele Zeitlohnarten generiert werden. Die dazu erforderlichen Bedingungen werden im Wesentlichen in der Tabelle *T510S* festgelegt (Abbildung 2.21 zeigt den View zur Tabelle).

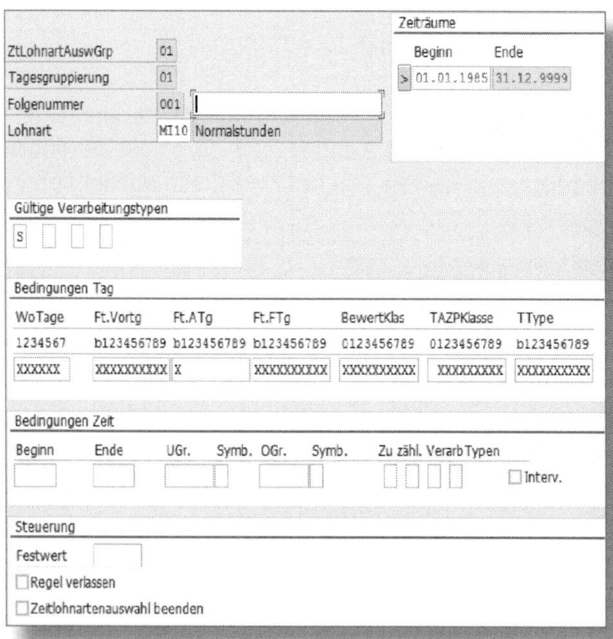

Abbildung 2.21: V_T510S, Zeitlohnartengenerierungsregel für Normalstunden

Entscheidende Kriterien für die Generierung einer Zeitlohnart sind z. B.:

- Verarbeitungstyp,
- Uhrzeit,
- Wochentag, Feiertag,
- Periodenarbeitszeitplan, Tagesarbeitszeitplan.

So wird z. B. die LOHNART *MI10* aus Abbildung 2.21 erzeugt, wenn:

- es sich um geplante Arbeitszeit bzw. Sollzeit handelt (VERARBEITUNGSTYP *S*),
- der Wochentag kein Sonntag ist,
- es sich um keinen Feiertag handelt (Feiertagsklasse = blank),
- die Tagesarbeitszeitplanklasse ungleich »0« ist.

Die Generierungsregeln und deren Zusammenhänge mit dem übrigen Customizing der Zeitauswertung können sehr komplex sein.

Prüfung auf Überlappungen in der T510S

Die SAP hat mit dem Hinweis 2177959 eine sinnvolle Funktionalität ausgeliefert, mit der man die Sicht V_T510S um eine Drucktaste erweitern kann, die überlappende Einträge in der Tabelle prüft und somit das Risiko mindert, dass Lohnarten versehentlich mehrfach erzeugt werden.

Ebenso wie bei den Zeitarten werden die Zeitlohnarten tagesgenau ermittelt. Ihre Bildung über die *T510S* wird im Zeitauswertungsschema über die Funktion GWT im Verarbeitungsblock »Zeitlohnarten bilden« initiiert (siehe Tabelle 2.4). Zusätzlich können sie davon unabhängig und separat über Personalrechenregeln gebildet werden.

Die generierten Zeitlohnarten werden in der Tabelle *ZL* im Cluster B2 abgespeichert und dort von der Abrechnung eingelesen sowie bewertet. Damit stehen sie auch für Reportingzwecke zur Verfügung, siehe Abschnitt 2.6.2.

> **☛ Kernnachtarbeit**
>
> Bitte achten Sie auf die Aktivierung der Funktion *KNTAG* im Schema. Diese gibt den in der Nacht gebildeten Zeitlohnarten die für die Abrechnung wichtigen Uhrzeitinformationen mit, um diese in der Abrechnung steuerlich korrekt gemäß §3b EStG zu verarbeiten.

2.4.4 Durchführung der Zeitauswertung als Job

Die Zeitauswertung kann als *Systemjob* mehrmals täglich eingeplant werden. Zu beachten ist lediglich, dass dadurch der Sperrmechanismus greift. Das bedeutet: Wird eine Personalnummer durch die Zeitauswertung prozessiert, können für sie keine anderen Daten eingegeben, bzw. für gesperrte Personalnummern kann die Zeitauswertung nicht durchgeführt werden. So kann es durchaus sinnvoll sein, die Zeitauswertung nachts laufen zu lassen, wenn keine Benutzer auf dem System sind.

Im Falle der positiven Zeitwirtschaft benötigt die Zeitauswertung die Zeitereignisse. Das bedeutet, Sie müssen dafür sorgen, dass vor der Auswertung die Zeitdaten vom Zeitwirtschaftssubsystem ins SAP geladen und dort verbucht worden sind. Beim Verbuchen werden die Daten aus der Schnittstellentabelle CC1TEV in den Infotyp *2011* bzw. die Tabelle TEVEN geschrieben. Auch der Upload und die Verbuchung sollten als Hintergrundjobs eingeplant werden, um den ganzen Prozess zu automatisieren. Die entsprechenden Programme können über die Transaktion *PT80* aufgerufen werden.

Ähnlich wie die Personalabrechnung ist auch die Zeitauswertung rückrechnungsfähig, d. h., Änderungen in den Stammdaten für die Vergangenheit werden mit dem Datum im Infotyp *0003* gespeichert und führen zu einer Rückrechnung in der Zeitauswertung. Abbildung 2.22 zeigt ein Beispiel für eine notwendige Rückrechnung auf den *03.11.2023*.

Abrechnung/Rückrechnung

Pers.tiefste Rückr

abrechnen bis

nicht mehr abrechnen

abgerechnet bis

Früh.Änd.Stamm.

Personalnr gesperrt

Korrektur der Abr.

Zeitauswertung

Pers.tiefste Rückr

Rückrechn.BDE 03.11.2023

BDE-Fehlerknz

Pers. Kalender ab

Sonstige Daten

Ersteingabe 03.11.1995 23:19:05

Abbildung 2.22: Persönliche Rückrechnungstiefe Zeitwirtschaft

Über das Feld Pers.tiefste Rückr können Sie die Rückrechnungstiefe individuell begrenzen. Dieses Feld lässt sich mittels des Reports *RPUTRBK0* für eine große Anzahl von Personalnummern setzen. Alternativ können Sie auch die Rückrechnungstiefe über einen Eintrag in der Tabelle *T569R* (IMG-Pfad: Zeitauswertung • Allgemeine Einstellungen • Rückrechnungstiefe für Paarbildung/Zeitauswertung festlegen) in Verbindung mit dem Merkmal *TIMMO* für ganze Bereiche der Personalstruktur setzen. Wir empfehlen, eine der Varianten zu nutzen, um lange Rückrechnungen zu vermeiden.

Alle Zeitauswertungsergebnisse werden in dem *Zeitauswertungscluster B2* gespeichert. Dort ist auch abgelegt,

- welches der zuletzt ausgewertete Tag ist,
- an welchem Tag Fehler vorliegen und
- ob es einen Rückrechnungsanstoß für die Abrechnung gibt, vorausgesetzt dieses Modul ist im Einsatz.

☛ Unterschiedliche Zeitauswertungsperioden im Mandanten

Zwar haben Sie die Möglichkeit, unterschiedliche Zeitauswertungsperioden (z. B. Kalendermonat) zu wählen, jedoch kann der Report RPTIME00 nur eine Zeitauswertungsperiode zugleich verarbeiten. Dies kann ein Problem sein, wenn in einem System sowohl der Kalendermonat als auch eine andere Periodizität, z. B. 15. des Vormonats bis 14. des aktuellen Monats, abgebildet werden sollen. Da Ihnen nur dieser eine Report für die Zeitauswertung zur Verfügung steht, hilft an der Stelle nur eine Modifikation des Standards.

2.5 Nachbearbeitung und Korrekturen

Durch die Zeitauswertung wird täglich eine Vielzahl von Daten verarbeitet, von denen nicht nur die Bewegungsdaten, sondern auch die Stammdaten des Mitarbeiters einen entscheidenden Einfluss auf das Ergebnis haben. Wenn wir uns dazu noch vor Augen halten, dass die Zeitauswertung innerhalb eines Monats oder Jahres an etlichen Werktagen, Wochenenden oder Feiertagen durchgeführt wird, zeigt sich deutlich, welch große Anzahl Fallkonstellationen durch die Zeitauswertung abgedeckt werden muss.

Es ist daher – nicht nur wegen unvorhersehbarer Ereignisse wie ungeplanten Abwesenheiten – schwierig, über den gesamten Zeitraum einen nahezu fehlerfreien Zeitauswertungslauf zu erhalten. Es wird immer wieder notwendig sein, die aufgetretenen Fehler zu bearbeiten.

Um dies effizient durchführen zu können, müssen wir sicherstellen, dass

- die Bearbeitung der Meldungen schnell durchgeführt werden kann,

- nur relevante Meldungen erzeugt werden,
- die Information, dass ein Fehler vorliegt, schnell zu demjenigen (Mitarbeiter/Vorgesetzter) gelangt, der ihn erklären kann.

2.5.1 Meldungsbearbeitung im TMW

Mit dem TMW wurde speziell für den Zeitbeauftragen eine Oberfläche geschaffen, die geeignet ist, Fehlermeldungen aus der Zeitauswertung effizient zu bearbeiten. Sie bietet die folgenden Erweiterungen gegenüber der Fehlerbehandlung über die Funktion *Arbeitsvorrat Zeitwirtschaft* (Transaktion *PT40*):

Wechsel zwischen meldungs- und mitarbeiterorientierter Bearbeitung

Bei der *mitarbeiterorientierten Bearbeitung* werden alle Meldungen zu einer Person in einer Liste aufgeführt. Hier kann der Zeitbeauftragte den Fokus auf die gesamten Meldungen zu einer Person legen und anhand zusätzlich eingeblendeter Informationen zu der Person den Sachverhalt besser analysieren.

Bei der *meldungsorientierten Bearbeitung* werden die Nachrichten anhand der Meldungsarten selbst oder anhand von Meldungssachgebieten angezeigt. Hier steht die rasche Erledigung einfach zu bearbeitender Mitteilungen im Vordergrund.

Meldungssachgebiete

In Meldungssachgebiete können Hinweise, Warnungen und Fehler aus dem Zeitbewertungslauf zusammengefasst werden, die ähnlich zu bearbeiten sind bzw. die gleichartige betriebswirtschaftliche Sachverhalte darstellen. Abbildung 2.23 zeigt das Customizing dazu. So werden die Meldungsarten (Spalte NR. MLDART) *00* und *08* unter dem SACHGEBIET *Abweichungen vom Arbeitszeitplan* angezeigt.

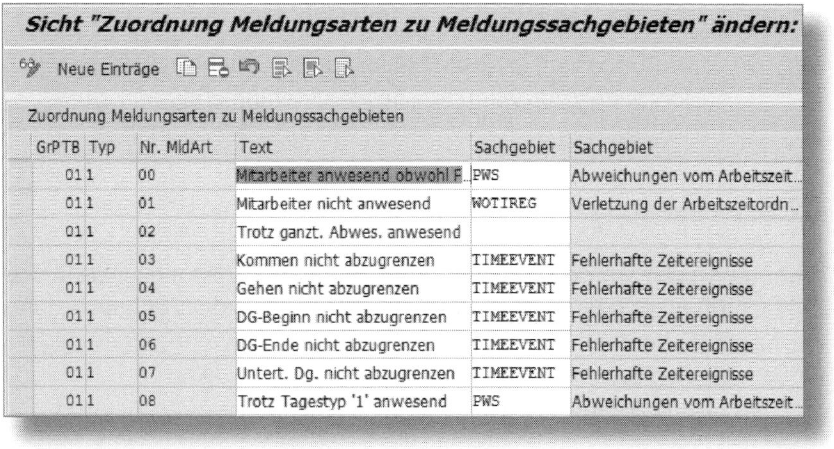

Sicht "Zuordnung Meldungsarten zu Meldungssachgebieten" ändern:

Neue Einträge

Zuordnung Meldungsarten zu Meldungssachgebieten

GrPTB	Typ	Nr. MldArt	Text	Sachgebiet	Sachgebiet
01	1	00	Mitarbeiter anwesend obwohl F...	PWS	Abweichungen vom Arbeitszeit...
01	1	01	Mitarbeiter nicht anwesend	WOTIREG	Verletzung der Arbeitszeitordn...
01	1	02	Trotz ganzt. Abwes. anwesend		
01	1	03	Kommen nicht abzugrenzen	TIMEEVENT	Fehlerhafte Zeitereignisse
01	1	04	Gehen nicht abzugrenzen	TIMEEVENT	Fehlerhafte Zeitereignisse
01	1	05	DG-Beginn nicht abzugrenzen	TIMEEVENT	Fehlerhafte Zeitereignisse
01	1	06	DG-Ende nicht abzugrenzen	TIMEEVENT	Fehlerhafte Zeitereignisse
01	1	07	Untert. Dg. nicht abzugrenzen	TIMEEVENT	Fehlerhafte Zeitereignisse
01	1	08	Trotz Tagestyp '1' anwesend	PWS	Abweichungen vom Arbeitszeit...

Abbildung 2.23: Meldungssachgebiete ändern

Umfeldinformationen zu Meldungen

Zur Analyse vieler Meldungen sind spezifische Umfeldinformationen wie der Stand bestimmter Zeitkonten, der zugehörige Arbeitszeitplan etc. notwendig. Diese Umfeldinformationen können Sie in Form von Infospalten jetzt direkt bei jeder Meldung bzw. bei einem Meldungssachgebiet anzeigen.

Quittieren von Hinweisen und Informationen

Viele Zeitbeauftragte möchten die Meldungsliste klar erkennbar abarbeiten. Dazu können in der Meldungsbearbeitung des PTW Meldungen aus der Meldungsliste entfernt werden, sobald diese zur Kenntnis genommen wurden.

Abbildung 2.24 zeigt diese Funktion. Im ersten Schritt werden alle Meldungen als erledigt markiert ❶ und im zweiten aus der Sicht entfernt ❷.

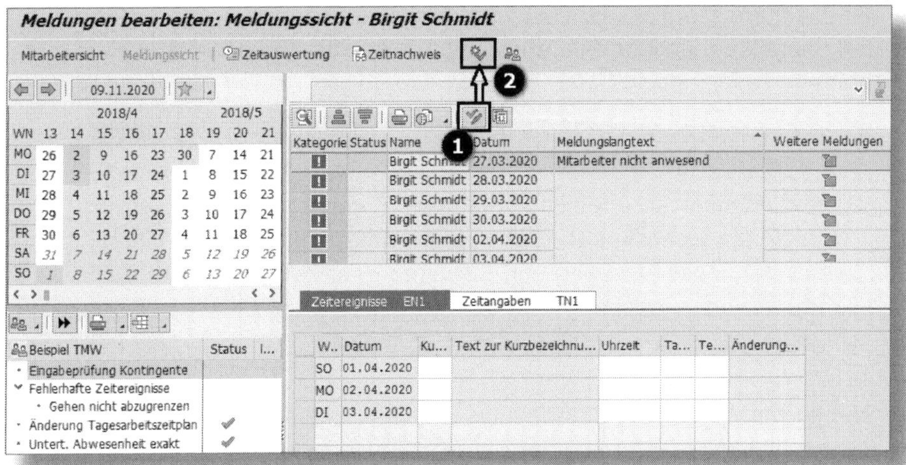

Abbildung 2.24: TMW Meldungssicht, Quittieren von Meldungen

Der Arbeitsvorrat Zeitwirtschaft (*Transaktion PT40*) wird mit dem Einsatz der Meldungsbearbeitung im TMW nicht mehr benötigt. Die im Arbeitsvorrat enthaltenen Berichte der Zeitwirtschaft sind seither in den Menüs der Rollen der Personalzeitwirtschaft integriert. Die Funktionen, die über Fehler bei der Kommunikation mit den Subsystemen informieren, erreichen Sie stattdessen über die Subsystemanbindung (Transaktion *PT80*).

2.5.2 Relevanz der Meldungen überprüfen

Grundsätzlich ist zu prüfen, ob man alle Meldungen, die das System im Standard erzeugt, tatsächlich benötigt. So werden Hinweismeldungen ausgelöst, wenn sich aufgrund der dynamischen Tagesarbeitszeitplanzuordnung der Tagesarbeitszeitplan ändert. Dies ist ja eigentlich eine Konstellation, die wir bewusst hervorgerufen haben. Zwar können diese Meldungen schnell quittiert werden, wie Abbildung 2.24 zeigt, doch wäre es noch besser, nicht benötigte Meldungen erst gar nicht zu erzeugen. Dazu sind Anpassungen in den Personalrechenregeln notwendig.

Eine weitere Möglichkeit, Fehlermeldungen zu vermeiden, ist für Fehlerkonstellationen Korrekturen bereits durch die Zeitauswertung vornehmen zu lassen.

Automatische Fehlerbehandlung in der Zeitauswertung

Treten an einem Tag fehlende Zeitdaten (Fehlermeldung »Mitarbeiter nicht anwesend«) auf, können Sie in der Zeitauswertung ein Abwesenheitspaar erzeugen und die versäumte Zeit aus einem Zeitkonto abziehen lassen.

Neben der effizienten Bearbeitung der Fehlermeldungen ist es wichtig, schnell an die erforderlichen Informationen zu kommen. Im Zweifel weiß der Mitarbeiter aber nicht, dass der Zeitbeauftragte Informationen von ihm benötigt.

2.5.3 Fehlerinformationen mitteilen

Der Standard bietet im Fehlerfall die Möglichkeit, durch Aktivierung der *Funktion* OPTT im Zeitauswertungsschema eine Mail mit den Informationen »Fehlernummer«, »Datum«, »Personalnummer« und »Mitarbeitername« an den gemäß Infotyp *0001* zuständigen Zeitsachbearbeiter zu versenden. Da – wie beschrieben – der Zeitsachbearbeiter die aufgetretenen Fehlermeldungen immer aktuell in der Meldungsbearbeitung des TMW hat, ist diese Funktion obsolet geworden und in der Praxis wenig im Einsatz.

Noch besser ist es, dem Mitarbeiter, der den Fehlerfall verursacht hat, die Informationen direkt zukommen zu lassen, denn dieser kann die fehlenden Daten am ehesten liefern. Hier bietet die ESS-Anwendung der Zeitbuchungskorrektur die sinnvolle Funktionalität, Meldungen aus der Zeitwirtschaft anzuzeigen (siehe Abbildung 2.25).

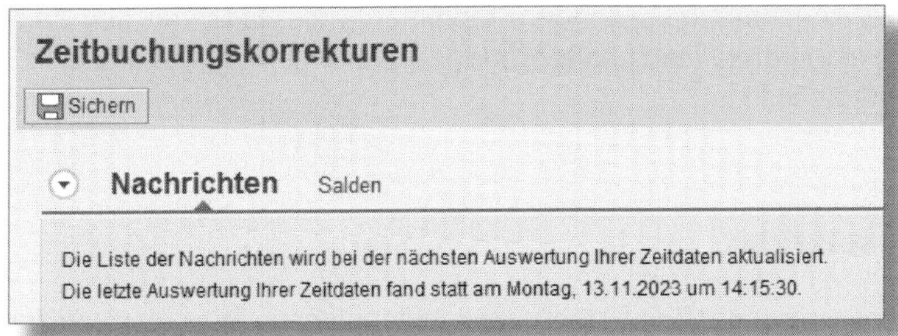

Abbildung 2.25: Nachrichten aus Zeitauswertung im ESS

Der Mitarbeiter wird also nicht nur über Probleme bei seiner Zeitauswertung informiert, sondern kann diese bestenfalls auch direkt in derselben Anwendung beheben. In Abschnitt 3.2.3 werden wir auf die Anpassung der Meldungen für den Mitarbeiter noch einmal näher eingehen.

Eine andere Option besteht darin, auf dem Zeitwirtschaftssubsystem Meldungen auszugeben, die den Mitarbeiter auf Fehler in der Zeitwirtschaft aufmerksam machen. Die KK1-Schnittstelle zum Subsystem kann z. B. das Datum des letzten ausgewerteten Tages übertragen (IMG-Pfad PERSONALZEITEREIGNISSE • AM TERMINAL ANZUZEIGENDE DATEN FESTLEGEN), die tatsächliche Anzeige der Meldungen ist dann allerdings abhängig vom eingesetzten Subsystem.

Mailversand per Programm

Sollten Sie über Programmierfähigkeiten oder einen kundigen Mitarbeiter verfügen, den Sie damit beauftragen wollen, könnten Sie auch ein Programm erstellen, welches die Fehlermeldungen ausliest und diese Informationen über die SAPconnect-Schnittstelle per E-Mail an den Mitarbeiter oder, bei Einsatz des Moduls »Organisationsmanagement«, an den Vorgesetzten verschickt.

Dies sind nur einige Ideen, wie sich der Prozess der Meldungsbearbeitung effizienter gestalten lässt. Wichtig ist in jedem Fall, Mitarbeiter zu sensibilisieren und disziplinieren, selbst auf eine fehlerfreie Zeitauswertung zu achten, insbesondere regelmäßig die Zeiten an den Zeiterfassungsgeräten festzuhalten und geplante Abwesenheiten rechtzeitig mitzuteilen.

2.6 Reporting

Das Reporting in der Zeitwirtschaft ist leider nicht so flexibel wie in der Personaladministration, wo der Anwender sich Berichte über Ad-hoc-Queries selbst zusammenstellen kann.

Wir werden uns darauf beschränken, die wichtigsten Standardreports vorzustellen. Weitere Auswertungsmöglichkeiten würden sich bei Einsatz eines *Business-Intelligence-(BI-)Systems* durch bereits vordefinierte *Infocubes* der Zeitwirtschaft ergeben. Darauf können wir an dieser Stelle leider nicht im Detail eingehen, da zum Verständnis weitere BI-Objekte wie BI-Queries oder Prozessketten umfangreich dargestellt werden müssten.

2.6.1 Zeitnachweis

Eine Übersicht der Zeitauswertungsergebnisse stellt der *Zeitnachweis* dar, für dessen Erstellung zwei Technologien angeboten werden.

1. Zeitnachweis über den Report RPTEDT00 (*PT61*) und
2. Zeitnachweis über den HR-Formular-Workplace.

Das Zeitnachweisformular kann individuell an firmenspezifische Anforderungen angepasst werden. Welche Daten Ihnen in welcher Form auf dem Zeitnachweisformular ausgegeben werden, ist daher abhängig von den Einstellungen des Customizings.

Während sich der klassische Zeitnachweis (Transaktion *PT61*) ausschließlich funktionalen Aspekten widmet, werden mit *HR Forms* grafische Aspekte in den Vordergrund gerückt. So ist es möglich, Grafiken zu integrieren um z. B. ein Logo zu platzieren. Der Standardzeitnachweis stellt die Zeitdaten tagesgenau dar, aber es sind auch andere Layouts umsetzbar, z. B. ein Überstundenzettel, den der Vorgesetzte abzeichnen muss, oder eine Saldenübersicht, die lediglich den Stand und die Veränderung der Zeitkonten aufführt.

Beide Technologien setzen für die einwandfreie Datenausgabe voraus, dass der Mitarbeiter für die betreffenden Tage fehlerfrei mit dem Zeitauswertungsreport (vgl. Abschnitte 2.4 und 2.5) abgerechnet worden ist. Welche Art der Formularausgabe schließlich gewünscht ist, kann im Merkmal *HRFOR* festgelegt werden.

Ausgabesprache

Mit HR Forms wird der Zeitnachweis nicht in der im IT0002 angegebenen Sprache ausgegeben, sondern immer mit der Anmeldesprache des Mitarbeiters, der den Druckreport startet.

2.6.2 PT_BAL00 (Kumulierte Zeitauswertungsergebnisse – Zeitsalden/Lohnarten)

Einer der am häufigsten verwendeten Standardreports zur Darstellung der Ergebnisse der Zeitauswertung ist der Report *RPTBAL00 (*kumulierte Zeitauswertungsergebnisse – Zeitsalden/-lohnarten, Transaktion *PT_BAL00*).

Dieser Bericht wertet das Cluster B2 aus und liefert für den selektierten Zeitraum eine Liste der Tagessalden, kumulierten Salden (Periodensalden) und Zeitlohnarten. Sowohl Tages- als auch Monatssalden sind durch die Zeitauswertung erzeugte Zeitarten, deren Bildung für das Reporting wir in den Abschnitten 1.3.5 und 2.4.2 angesprochen haben.

Darüber hinaus dient der Report zur Überprüfung von Grenzwerten, die für einzelne Zeit- oder Lohnarten festgelegt wurden. Die Auswertung liefert nur Ergebnisse, die aufgrund einer fehlerfreien Zeitauswertung erzeugt wurden. Er berücksichtigt also nicht die vorläufigen Salden, welche die Zeitauswertung im Falle eines Fehlers erzeugt.

Die Grenzwerte für Zeit- oder Lohnarten können mithilfe des Merkmals *LIMIT* (Stundengrenzwerte für kumulierte Salden) für einzelne Zeit- oder Lohnarten-Schwellenwerte eingerichtet werden. Es werden drei Untermerkmale unterschieden:

- LIMIE: Stundengrenzwerte für Tagessalden,
- LIMIS: Stundengrenzwerte für kumulierte Salden,
- LIMIZ: Stundengrenzwerte für Zeitlohnarten.

Der Report RPTBAL00 ermöglicht einen Vergleich der durch die Zeitauswertung ermittelten Daten für verschiedene Organisationseinheiten oder Personalteilbereiche.

2.6.3 PT64 Ab-/Anwesenheitsdaten-Übersicht (RPTABS20)

Dieser Bericht erlaubt es Ihnen, Ab- und Anwesenheitsdaten nach verschiedenen Gesichtspunkten zu verdichten und aufzuschlüsseln.

Aus der Sicht der Ab-/Anwesenheitsdaten-Übersicht heraus kann zum Report *RPTABS50* (Ab-/Anwesenheitsdaten-Kalendersicht) verzweigt werden.

2.6.4 PT90 Ab-/Anwesenheitsdaten – Kalendersicht (RPTABS50)

In dieser Auswertung werden Ab- und Anwesenheiten pro Mitarbeiter dargestellt. Hier können Sie sich z. B. Urlaub und Dienstreisen eines Mitarbeiters für einen bestimmten Zeitraum anzeigen lassen. Zusätzlich gibt es für jeden Mitarbeiter eine Statistik und eine Legende, die ausgegeben werden können.

Die Ausgabe erfolgt in Form einer Kalendersicht, aus der Sie zum Report *RPTABS60* verzweigen können. Dieser Report (Transaktion *PT91*) kann Ab- und Anwesenheiten in einer mitarbeiterübergreifenden monatlichen Sicht darstellen.

2.6.5 PT65 – grafische An-/Abwesenheitsübersicht (RPTLEA40)

Dieser Bericht zeigt eine Plantafel, welche die erfassten An- und Abwesenheiten von Mitarbeitern grafisch darstellt. Die grafische Oberfläche erleichtert die Übersicht, etwa bei der Urlaubsplanung oder bei der Überprüfung von Personalkapazitäten für eine Gruppe von Mitarbeitern. Die Auswertung ist für jeden Mitarbeiter einzeln durchführbar. Auch die Ausgabe gesperrter Sätze ist möglich.

Alle Standardreports haben gemeinsam, dass die Ausgabe in einer ALV-Liste erfolgt und somit die Daten leicht nach Excel oder Word zur weiteren Verarbeitung exportiert werden können.

3 Oberflächen zur dezentralen Datenerfassung

In diesem Kapitel werden wir die verschiedenen Alternativen der dezentralen Datenerfassung, also der Eingabe und Korrektur von Zeitdaten durch den Mitarbeiter selbst, durch den Vorgesetzten oder einen Zeitbeauftragten, eingehender erläutern. Dazu gehören insbesondere Anwendungen des ESS (Employee Self Service) und MSS (Manager Self Service) sowie der TMW (Time Manager's Workplace). Darüber hinaus werden wir auf den Einsatz von HR Renewal und SAP Fiori in der Zeitwirtschaft eingehen.

Auch mit der Personaleinsatzplanung (PEP) sowie dem Arbeitszeitblatt (CATS) ist grundsätzlich eine Zeitdatenerfassung möglich, jedoch sind bei diesen Anwendungen die diesbezüglichen Eingabemöglichkeiten eingeschränkt und werden daher nicht im Detail erläutert.

Wir stellen jeweils die Oberfläche vor und gehen auf die Konfigurationsmöglichkeiten in Bezug auf die Zeitwirtschaftsprozesse ein. Gerade bei ESS und MSS gibt es aufgrund des Erweiterungskonzepts der SAP die Möglichkeit, modifikationsfreie Anpassungen der Abläufe oder Oberflächen vorzunehmen. Wir werden diese Optionen aufzeigen, aber nicht auf die tatsächliche Durchführung eingehen, da hierfür Kenntnisse der ABAP-Programmierung notwendig sind und sich dieses Buch in erster Linie an Projektmitarbeiter und Anwendungsberater wendet.

3.1 Employee Self Service

Bevor wir die Konfiguration der Zeitwirtschaftsprozesse für ESS und MSS erläutern, gehen wir kurz auf die systemseitigen Voraussetzungen ein.

3.1.1 SAP Portal oder NWBC für ESS/MSS

Die klassischen SAP-MSS/ESS-Szenarien auf *Web-Dynpro-ABAP-Technologie (WDA)* können dem Benutzer entweder über ein SAP-Portal oder über den NetWeaver Business Client (NWBC) zugänglich gemacht werden.

NetWeaver Business Client

Ab dem NetWeaver Release 7.3, EHP1 ist der *NWBC for HTML* verfügbar. Anders als die ursprüngliche Version *NWBC for Desktop* benötigt dieser außer einem Browser keine lokale Installation mehr, bei allerdings geringerem Funktionsumfang:

- kein Navigation Panel,
- kein Side Panel,
- Verbindung nur zu ABAP-Systemen,
- keine personalisierte Menüstruktur mit Favoriten oder Hilfe-URL,
- keine Enterprise-Search-Funktion.

Dennoch stellt der NWBC for HTML eine geeignete Alternative für Benutzer mit relativ wenigen ESS-Szenarien dar. Sind die angesprochenen Funktionalitäten dennoch erforderlich, so kann es sinnvoll sein, alternativ den Einsatz eines SAP-Portals in Erwägung zu ziehen, das diese und weitere Möglichkeiten bietet, dafür aber keine lokale Installation vonnöten ist.

ESS im SAP-Portal

Zwar bedeutet der Einsatz eines SAP-Portals einen Mehraufwand bei der Installation und Wartung, es sprechen jedoch einige gute Gründe dafür:

- Sie können ergänzend noch andere Web-Applikationen bereitstellen.

- Es können mehrere Systeme angebunden werden.
- Das Design der Oberfläche lässt sich anpassen.
- Anwendungen können im SAP Fiori-Design bereitgestellt werden.
- Das SAP-Portal ist vorhanden, d. h., andere kundeneigene ESS-Anwendungen laufen bereits darauf.
- Das ERP-System ist noch nicht auf EHP5, und somit sind auch nicht alle Anwendungen auf die Web Dynpro ABAP umgestellt.

Tabelle 3.1 veranschaulicht einige Gemeinsamkeiten und Unterschiede der beiden Optionen *NWBC* und *Portal*.

	Kriterium	ESS-Benutzer	
Front End	Deployment Option	*NWBC*	*Portal*
Back End	Benutzermenü	PFCG-Rolle	Launchpad
	Business Logik	WDA	WDA / UI5
	Datenhaltung	HCM-Tabellen	HCM-Tabellen

Tabelle 3.1: Übersicht Systemarchitektur

Zusammenfassung

ESS-Szenarien in SAP Fiori sind für die Anwender erheblich benutzerfreundlicher gestaltet und intuitiver zu bedienen. Darüber hinaus spricht die Möglichkeit, die Anwendung auch über mobile Endgeräte verfügbar zu machen, für eine Implementierung in SAP Fiori.

Auch wenn sich die Ansichten von WebDynpro- und SAP Fiori-ESS-Szenarien für den Benutzer unterscheiden, ist das anwendungsspezifische Customizing der Prozesse für beide Technologien weitgehend identisch. Da zudem bei einigen Kunden noch WebDynpo-Anwendungen im Einsatz sind, werden wir zunächst die Zeitwirtschaftsszenarien in WebDynpro darstellen und im Abschnitt 3.6 auf die Erweiterungen in SAP Fiori eingehen.

3.1.2 Voraussetzungen Stammdaten für ESS/MSS

Für die Nutzung der ESS/MSS-Zeitwirtschaftsprozesse ist ein Infotyp »Kommunikation« erforderlich. Über diesen Infotyp *0105*, Subtyp *0001* »Systembenutzername«, erfolgt die Zuordnung des Benutzers zu einer Personalnummer. Außerdem lässt sich hier über den Subtyp *0010* eine Mailadresse hinterlegen, um Benachrichtigungsmails über Workflows aus dem System heraus verschicken zu können.

Über die Verknüpfungen im Organisationsmanagement ermittelt das System den direkten Vorgesetzten (*Manager*) des Mitarbeiters. Der Manager ergibt sich aus dem Besetzer der Leiterplanstelle der Organisationseinheit oder aus der Verknüpfung »wird geleitet von« und ist im Standard der Genehmiger für genehmigungspflichtige Anträge von Abwesenheiten oder Zeitbuchungskorrekturen. Zur Anzeige des Teams im Teamkalender werden zum Manager alle Mitarbeiter seiner Organisationseinheit selektiert.

Zusätzlich benötigt der Anwender einen gültigen Benutzer mit entsprechenden Berechtigungen. Falls der Anwender nur über das ESS auf das SAP-System zugreift, sollte der Benutzertyp aus Lizenzgründen auf *my SAP Business Suite ESS* gestellt werden.

3.1.3 ESS für den Mitarbeiter

ESS bietet dem Mitarbeiter die Möglichkeit, für die eigene Person Daten zu erfassen. Dazu sind folgende Zeitwirtschaftsprozesse über ESS-Szenarien dargestellt:

- *Abwesenheitsantrag* – direkte Erfassung oder Beantragung von Abwesenheiten, die für den Mitarbeiter zur Eingabe im System freigegebenen sind;
- *Zeitbuchungen korrigieren* – Anlage von Zeitbuchungen, ergänzend zu den an einem Zeitwirtschaftssubsystem erfassten Daten;

- *Zeitkonten anzeigen* – Darstellung einer Liste mit Informationen zu Abwesenheitskontingenten und Zeitsalden;
- *Kalender anzeigen* – Teamkalender und Feiertagskalender,
- *Zeitnachweis aufrufen* – Darstellung des Zeitnachweises in PDF-Form.
- *Mehrarbeitsantrag* – Anzeige von Überstunden (verfügbar ab Fiori 2.0)

3.1.4 Die Standard-ESS-Startseite in WebDynpro

Nach der Anmeldung gelangt der Benutzer auf die ESS-Einstiegsseite, die im Standard alle verfügbaren Szenarien aufführt. Abbildung 3.1 zeigt beispielhaft einen Ausschnitt mit Zeitwirtschaftsszenarien.

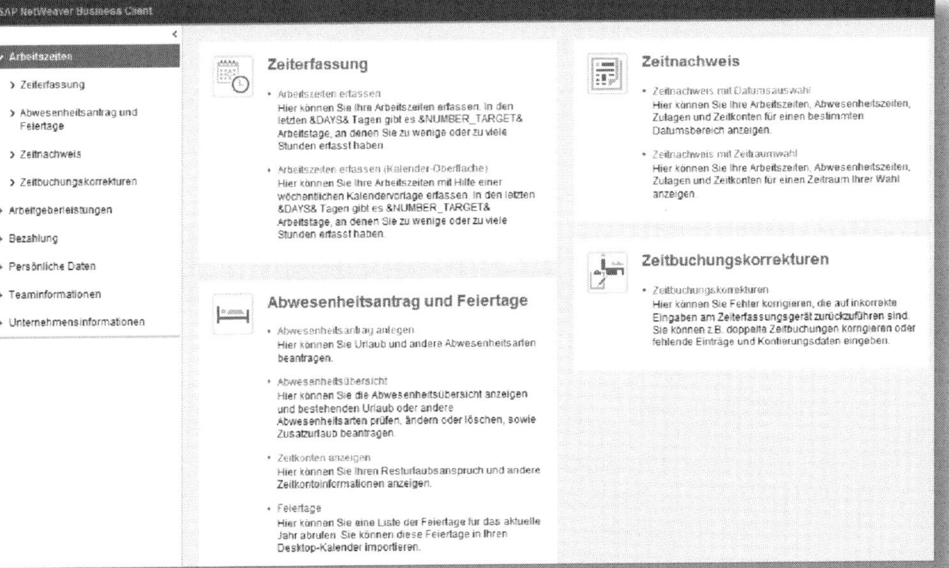

Abbildung 3.1: Einstiegsseite ESS

Die Darstellung erfolgt technisch über ein sogenanntes *Launchpad*. Dieser Begriff wird uns in den Erläuterungen zur Konfiguration von Oberflächen für ESS/MSS aber auch von HR Renewal und SAP Fiori immer wieder begegnen und bedarf daher einer genaueren Betrachtung.

3.1.5 Navigation innerhalb von Webanwendungen – Launchpads

Das Launchpad ist eine Einstiegsseite und ermöglicht die Navigation zu einzelnen Anwendungen, Internetseiten oder Transaktionen. Launchpads sind seit dem NetWeaver-Release 2004s und SAP ECC 6.0 im Einsatz. Sie haben das frühere *Homepage Framework* abgelöst.

Die SAP liefert einige Launchpads aus, die die Navigation zu thematisch zusammengehörenden Anwendungen ermöglichen. Für unser Thema ESS/MSS in der Zeitwirtschaft sind dies insbesondere:

- Rolle ESS – Instanz MENU und
- Rolle MSS – Instanz EMPLOYEE_MENU.

Auch beim Einsatz des NWBCs können wir das auf dem Launchpad basierende Menü verwenden. Alternativ kann sich das Menü direkt aus der *PFCG-Rolle* ergeben.

Zur Navigation innerhalb der SAP Fiori-Anwendung siehe Abschnitt 3.6.

Launchpad anpassen

Die Anpassung und Anlage von Launchpads erfolgt über die Transaktion *LPD_CUST*. Für die ESS-Anwendung wurde die *Rolle ESS* mit der *Instanz MENU* ausgeliefert.

Die Standardeinstiegsseite enthält eine Vielzahl von ESS-Szenarien. Diese sind jedoch für die dezentrale Erfassung von Zeitdaten nicht relevant. Wenn wir also dem Mitarbeiter ausschließlich eine Oberfläche für die Zeitwirtschaftsprozesse bereitstellen sollen, bietet es sich an, die Einstiegsseite anzupassen. Dies wollen wir im Folgenden durchführen und erhalten dadurch einen Einblick in die Konfiguration von Launchpads.

Versionierung von Launchpads

Beim Ändern von Standard-Launchpads wird eine neue Version angelegt. Von der SAP würde bei Updates nur die SAP-Version überschrieben, nicht aber die Kundenversion, sodass wir direkt die bestehenden Launchpads anpassen können. Es besteht nicht die Notwendigkeit, Launchpads im Kundennamensraum anzulegen.

Wir deaktivieren dazu alle nicht benötigten, d. h. nicht zeitwirtschaftsspezifischen Anwendungen, indem wir sie in den Bereich NICHT AKTIVE ANWENDUNGEN ziehen, der in jedem Ordner vorkommt, wie in Abbildung 3.2 dargestellt.

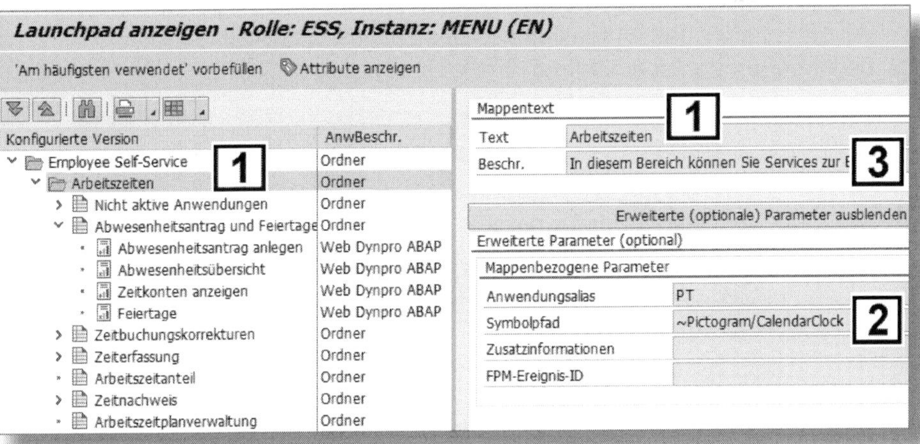

Abbildung 3.2: Transaktion LPD_CUST, Beispiel Launchpadkonfiguration ESS

Weitere Gestaltungsmöglichkeiten sind:

- Ein neuer Ordner ❶ setzt eine Überschrift über die Links – Beispiel »Arbeitszeiten«: Der Text ergibt sich aus dem Feld MAPPENTEXT (vgl. Benutzeransicht in Abbildung 3.1).

- Ein Symbol für den Ordner wird links neben dem Text dargestellt, es ist in dem Feld SYMBOLPFAD zu definieren ❷.
- Ein Beschreibungstext ❸ zum Ordner wird ebenfalls über den Block MAPPENTEXT definiert, das Feld ist vom Typ *String*, d. h., es hat eine in der Länge variable Zeichenfolge.
- Unterordner können über die rechte Maustaste eingefügt werden – Beispiel »Zeitnachweis«; für Unterordner gelten die gleichen Gestaltungsmöglichkeiten wie für Ordner.
- Ebenso wie für Ordner können wir auch für die Anwendungen Beschreibungstexte hinterlegen.
- RECHTE MAUSTASTE • TRENNBALKEN EINFÜGEN separiert die Ordner mithilfe einer gestrichelten Linie.
- BEARBEITEN • SPALTENUMBRUCH EINFÜGEN stellt die Ordner in Spalten dar.

Wir sehen also, dass Anpassungen des Layouts innerhalb der Launchpadkonfiguration sehr einfach vorzunehmen sind.

Mit dem Launchpad gestalten

Durch die Verwendung von Ordnern und Beschreibungstexten können Sie die Oberfläche für den Benutzer übersichtlich und nahezu selbsterklärend einrichten. Darüber hinaus haben Sie die Möglichkeit, durch das Einfügen einer URL (Anwendungstyp *URL*) auf zusätzliche Dokumentationen zu verlinken.

Ohne auf alle Möglichkeiten der Launchpadkonfiguration im Detail eingehen zu wollen, seien hier noch Einträge aufgeführt, die für die ESS-Anwendungen in der Zeitwirtschaft bzw. für alle Anwendungen vom Typ »WebdDynpro ABAP« relevant sind:

- der Name der Anwendung,

- Übergabeparameter, mit denen diese Anwendung aufgerufen werden soll,
- der Systemalias (die Portalanbindung),
- optional ein Anwendungsalias, dieser kann z. B. in der Programmierung einer BAdI-Anwendung abgefragt werden.

BAdI steht für »Business-Add-In« und ist eine Möglichkeit, Erweiterungen an der von der SAP programmierten Businesslogik vorzunehmen. Eine Implementierung zu einem BAdI enthält die Funktionalitäten. BAdI-Implementierungen stellen im strengeren Sinne keine Modifikationen dar.

Wenn also im Folgenden von BAdI oder Erweiterungen gesprochen wird, so sind dies Hinweise, wie man in die Anwendung eingreifen kann, falls die Anforderungen über das Customizing nicht abzudecken sind. Für deren tatsächliche Umsetzung sind Kenntnisse in der ABAP-Programmierung erforderlich.

Da an verschiedenen Stellen bereits der Begriff *Rolle* verwendet wurde, hier noch einige Abgrenzungen.

- *Launchpad-Rolle* und *-Instanz*
  Die sogenannte Launchpad-Rolle und die dazugehörige Instanz definieren die Einstiegsseite. Sie steuern keine Zugriffsberechtigungen, sondern übernehmen allein die Visualisierung.
- *PFCG-Rolle*
  Neben der Aufgabe, Berechtigungen zu steuern, dient die PFCG-Rolle im Falle des NWBC for HTML oder NWBC for Desktop auch zur Visualisierung. Sie definiert über das Menüregister den Einstiegspunkt. Als Beispiel kann uns die Standardsammelrolle *SAP_EMPLOYEE_ESS_WDA_3* dienen (siehe Abbildung 3.3).

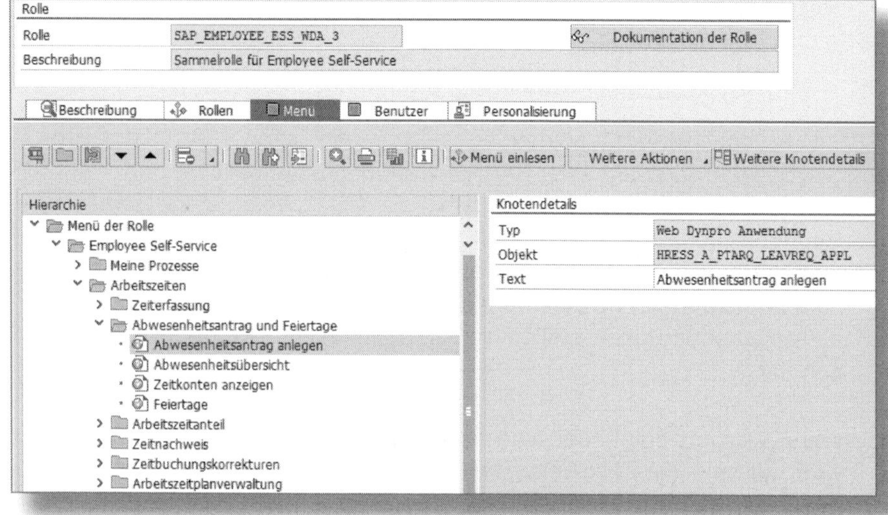

Abbildung 3.3: Menü der Rolle SAP_EMPLOYEE_ESS_WDA_3

Sie sehen: Die Ordnerstruktur und die WDA-Anwendung sind identisch mit den Einträgen der Launchpad-Rolle/Instanz. Wie bereits beschrieben, könnten wir an dieser Stelle allerdings auch direkt ein Launchpad einbinden.

- *Portal-Rolle*
  Eine Portal-Rolle müssen Sie anlegen, wenn Sie Services über ein SAP-Portal bereitstellen wollen. Als Vorlage können Sie die Rolle *com.sap.pct.erp.ess.wda.Employee_Self_Service_WDA* verwenden. Diese hat nur das *iView* »Übersicht« und das *Workset* »Employee Self-Service«. Die verfügbaren Anwendungen ergeben sich aus dem Launchpad (ESS/MENÜ).

Unterschiedliche Ansichten pro Benutzer

Die bisher beschriebene Konfiguration würde dazu führen, dass wir für alle unsere Benutzer, egal ob über NWBC oder SAP-Portal, eine identische Einstiegsseite zum Aufruf der ESS-Zeitwirtschaftsservices anlegen. Nun gibt es aber sicherlich auch die Anforderung, dass einige Benutzergruppen bestimmte Szenarien nicht aufrufen sollen. Das bedeutet, dass Sie unterschiedliche Einstiegsseiten anbieten müssen. Dafür stehen zwei Alternativen zur Verfügung.

1. Dynamischer Menüaufbau

Bei dieser Alternative müssen Sie nur ein Launchpad/eine PFCG-Rolle anlegen und definieren in diesem/dieser das Maximum an Einträgen. Dann nutzen Sie das BAdI *HRESS_MENU*, um einzelne Services herauszufiltern. Die Standardimplementierung bietet leider nur das Kriterium *COUNTRY*, also den MOLGA bzw. die Länderzuordnung des Mitarbeiters an. Die Idee der SAP ist, dass einige ESS-Anwendungen länderspezifisch sind und für deren Nutzung eine Differenzierung notwendig ist. Sollte Ihnen das Kriterium nicht genügen, müssen Sie sich eine eigene *Implementierung* anlegen und weitere von Ihnen benötigte Benutzerparameter abfragen.

> **Dynamischer Menüaufbau**
>
> Das BAdI wird übrigens sowohl für das Launchpad im Portal als auch für das PFCG-basierte Menü des NWBCs prozessiert.

Die Vorteile dieser Vorgehensweise sind:

- Es genügt eine PFCG-Rolle für alle ESS-Benutzer, die Anzahl der Berechtigungsrollen wird dadurch gering gehalten.
- Anhand der aktuell gültigen organisatorischen Zuordnung oder anderer Stammdaten werden die benötigten ESS-Szenarien ermittelt.

2. Statische Menüstruktur

Sollte eine statische Menüstruktur gewählt werden, sind folgende Strukturen anzulegen:

- Eine Launchpad-Rolle/-Instanz, bzw. eine PFCG-Rolle pro Benutzertyp,

- unterschiedliche Anwendungs- und *Component-Konfigurationen*, damit die Launchpad-Rolle/Instanz ermittelt werden kann (nicht für NWBC),
- unterschiedliche Portalrollen und unterschiedliche iViews für das Menü.

Durch den Einsatz der ESS-Szenarien sollen Verbesserungen in der Effizienz der Zeitdatenerfassung herbeigeführt werden. Deshalb müssen wir bei der Einführung besonders darauf achten, diese Verbesserungen nicht durch einen erhöhten Verwaltungsaufwand bei der Berechtigungsvergabe zu konterkarieren.

Wir empfehlen daher, die Anzahl der ESS-Rollen möglichst gering zu halten sowie die Rollenvergabe und Änderung von ESS-Rollen über einen dynamischen Menüaufruf zu automatisieren.

3.2 ESS-Zeitwirtschaftsprozesse

Nachdem wir einige Rahmenbedingungen für den Einsatz von Mitarbeiter-Self-Services dargestellt und die Einstiegsseite für den Mitarbeiter dergestalt anpasst haben, dass ihm nur noch die Zeitwirtschaftsszenarien angeboten werden, können wir uns nun der eigentlichen Konfiguration dieser Szenarien widmen.

Wie bereits eingangs in Abschnitt 3.1.1 erwähnt, ist die Konfiguration der Prozesse sowohl für WebDynpro- als auch für Fiori-Oberflächen gültig.

Die Konfiguration der Zeitwirtschaftsprozesse bis zu einer lauffähigen Version ist nicht sehr aufwendig. Wir können diese über den IMG unter PERSONALMANAGEMENT • EMPLOYEE SELF SERVICE vornehmen.

Transaktion PTARQ

Zusätzlich wurde von der SAP die sehr hilfreiche Transaktion *PTARQ (PTCOR)* bereitgestellt, über die Sie nicht nur die Konfiguration des Abwesenheitsantrags (Zeitbuchungskorrektur) aufrufen, sondern weitere Einstellungen für den laufenden Betrieb vornehmen können.

3.2.1 Gruppierungen

Die Gruppierungen der Zeitwirtschaft gelten auch für die Erfassung von Zeitdaten über ESS. Das bedeutet, dass ein Benutzer maximal jene An-/Abwesenheiten sowie Zeitbuchungen erfassen kann, für die seine Gruppierung im Personalbereich/Personalteilbereich der Zeiterfassung zulässig ist, siehe auch Abschnitt 2.1.1.

Zusätzlich gibt es für die Erfassung von Zeitdaten über ESS das Kriterium der *Regelgruppe*. Darüber können Sie zum einen weitere Zulässigkeitseinschränkungen bei der Erfassung hinterlegen, zum anderen aber auch den ganzen Verarbeitungsprozess pro Gruppierung unterschiedlich steuern.

Sie sollten sich in der Konzeptionsphase Ihrer ESS-Szenarien überlegen, für welche Personengruppe welche Verarbeitungsprozesse pro Szenario gelten sollen. Hilfreich ist hierfür eine Matrix, wie sie in Tabelle 3.2 dargestellt ist.

Szenario	Kriterium	Gruppe A	Gruppe B	Gruppe C
Abwesenheits-mitteilung	Genehmigender	Vorge-setz-ter	freie Eingabe	freie Eingabe
Abwesenheits-mitteilung	Erfassung Abwesenheit Gleitzeitausgleich	erlaubt	nicht erlaubt	nicht erlaubt
Zeitkonten anzeigen	Kontingenttyp	01	01, 02	01, 02
Zeitbuchungs-korrektur	Genehmigender	nicht erforderlich	freie Eingabe	freie Eingabe
usw.				

Tabelle 3.2: Regelgruppenmatrix

Wir werden jeweils bei der Darstellung der einzelnen Szenarien noch weiter auf die verschiedenen Kriterien eingehen. Wichtig an dieser Stelle ist zu wissen, dass Sie für jede einzelne Personengruppe mit einer besonderen Anforderung bei mindestens einem Szenario eine neue Regelgruppe anlegen müssen.

Wenn Sie, wie oben beschrieben, die Transaktion *PTARQ* starten und den Button CUSTOMIZING wählen, so erhalten Sie den IMG-Pfad für ESS. Dieser unterteilt sich in allgemeine und servicespezifische Einstellungen. Wie Sie in Abbildung 3.4 sehen, ist zu jedem Service der Customizingpunkt REGELGRUPPEN ANLEGEN aufgeführt.

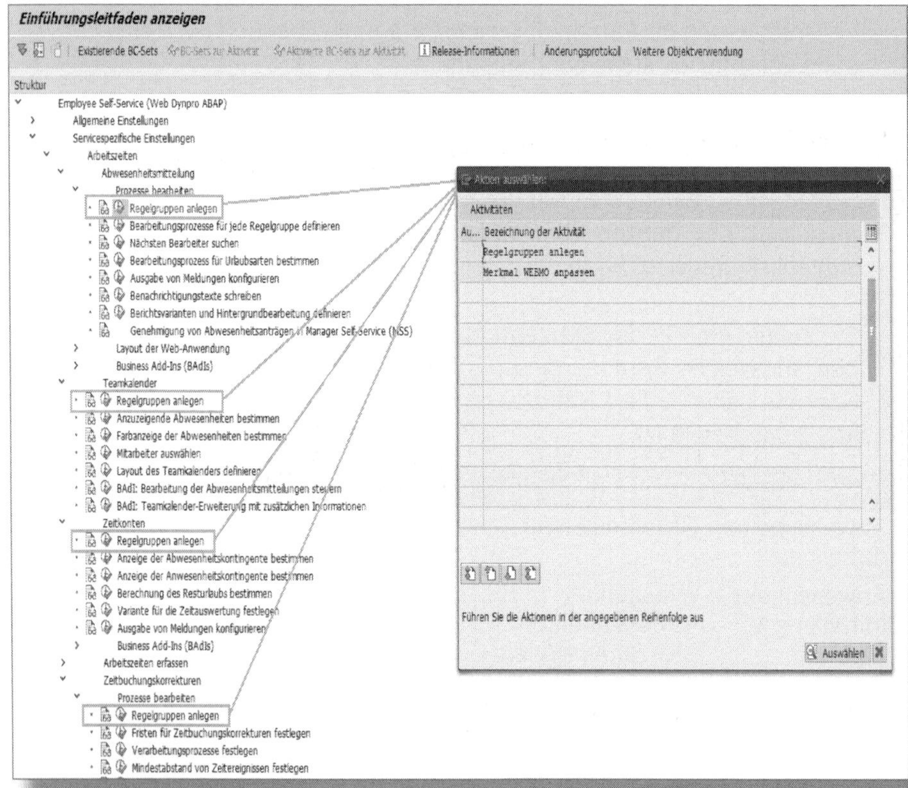

Abbildung 3.4: Customizing Regelgruppen

Die Zuordnung von Mitarbeitern zu unseren Beispielgruppen erfolgt über das MERKMAL WEBMO. Der Rückgabewert des Merkmals ist die achtstellige Regelgruppe.

☛ Regelgruppen

Regelgruppen werden einmalig definiert und gelten für alle ESS-Services in der Zeitwirtschaft.

Das Merkmal WEBMO hat als Entscheidungskriterien neben den Feldern der organisatorischen Zuordnung und des Tarifs auch die Länderzuordnung, die Personalnummer sowie die Anwendungs-ID. Über letztere haben Sie die Möglichkeit, die Regelgruppen servicespezifisch festzulegen, was dabei helfen kann, diese übersichtlicher zu definieren.

☛ Regelgruppen überprüfen

Da die Definition der Regelgruppen bei größeren Organisationen mit unterschiedlichen Verarbeitungsprozessen sehr komplex werden kann, hat die SAP einen hilfreichen Kontrollreport zur Verfügung gestellt, mit dem Sie die Zuordnungen von Mitarbeitern zu Regelgruppen überprüfen können. Diesen können Sie ebenfalls über die Transaktion *PTARQ* und dann über den Button REGELGR. ERMITTELN aufrufen.

3.2.2 ESS-Service »Abwesenheiten«

Bevor wir zur eigentlichen Konfiguration des Services »Abwesenheitsmitteilung« kommen, möchten wir noch den technischen Hintergrund der Datenhaltung von ESS-Abwesenheitsmitteilungen erläutern.

Konzept der Antragsdatenbank

Die Antragsdatenbank ist eine Schnittstellentabelle, die Informationen so lange speichert, bis alle Workflowschritte durchlaufen wurden. Erst dann werden die Informationen über ein Verbuchungsprogramm in die PA-Tabellen/TEVEN übernommen und z. B. von der Zeitauswertung berücksichtigt.

Alle Anträge werden unter dem Objekt *Initiator/Actor-ID* abgelegt. Die Verknüpfung von dieser ID zur Personalnummer des Mitarbeiters (Antragstellers) bzw. Vorgesetzten (Bearbeiters) ist in der Tabelle *PTREQ_ACTOR* abgelegt. Sie wird im Hintergrund automatisch erstellt, sobald diese Person zum ersten Mal einen Antrag stellt oder bearbeitet.

Die Antragsdatenbank hat nicht nur die Aufgaben, die zusätzlichen Informationen wie »Status«, »Beteiligte« und »Notizen« aufzunehmen. Sie dient außerdem dazu, eventuell falsch erfasste Informationen nicht direkt in die Zeitauswertung und ggf. Personalabrechnung überzuleiten.

Tabelle 3.3 veranschaulicht das Zusammenspiel zwischen den Programmen der Antragsdatenbank und den Status der Abwesenheitsmitteilung im Prozess.

Ereignis	Status	Aktion
Mitarbeiter erfasst Abwesenheitsantrag	Antrag gesendet	Mail versendet über Report RPTARQEMAIL
Vorgesetzter genehmigt Antrag	Antrag genehmigt	Mail versendet über Report RPTARQEMAIL
Start Verbuchungsprogramm RPTARQPOST	Antrag gebucht, falls fehlerfrei	
Analyse der fehlerhaften Einträge mit Report RPTARQERR	Antrag fehlerhaft	

Tabelle 3.3: Anträge und Status

Nun kann es sein, dass Anträge einen korrekten Status haben, aber durch den nächsten Bearbeiter nicht weiter bearbeitet werden, da z. B. der zugeordnete Benutzer nicht mehr existiert. In diesem Fall können Sie den Prozess über den Report *RPTARQSTOPWF* beenden und bestehende Workflows abschließen. Darüber hinaus können Sie über den Report *RPTARQDBDEL* Anträge vollständig von der Datenbank löschen. Dies ist z. B. notwendig, wenn der Erfasser den Antrag nicht mehr zurückziehen kann, da der Mitarbeiter das Unternehmen verlassen hat.

Bereits durch diese vereinfachte Darstellung wird deutlich, dass durch die Einführung von ESS zusätzliche periodische Wartungsarbeiten auf die Systemadministration zukommen.

Die SAP stellt speziell für die ESS-Einführung Prüfprogramme zur Verfügung, durch die bereits im Vorfeld einige Konstellationen getestet werden können. Diese können Sie über die Transaktion *PTARQ* aufrufen (siehe Abbildung 3.5).

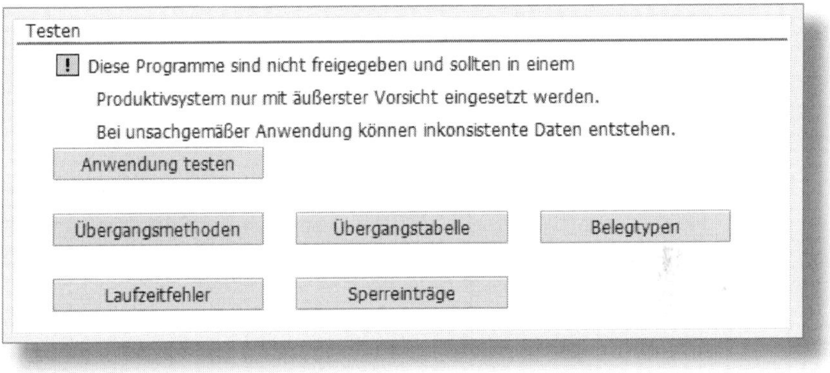

Abbildung 3.5: Transaktion PTARQ, Prüfreports ESS

Hinter den Funktionstasten aus Abbildung 3.5 verbergen sich folgende Programme:

- ANWENDUNG TESTEN: Report *RPTARQUIATEST*
  Mit diesem Programm können die Daten simuliert werden, wie sie dem Mitarbeiter in der Web-Anwendung angezeigt würden.

Neben der Darstellung von Daten zu Zeitkonten und Abwesenheitsanträgen können auch neue Anträge angelegt werden.

! Verwendung Testumgebung in Produktivsystemen

So hilfreich dieser Report in der Testumgebung auch ist: Wie bei anderen ESS-Szenarien zum Talent Management sollte man auch ihn nicht in der Produktivumgebung freischalten, da dadurch ggf. Berechtigungskonzepte umgangen werden können.

- ÜBERGANGSMETHODEN: Anzeige der Tabelle *PTREQ_STATUS_CHK*
  Diese Tabelle enthält den Statusfluss der Abwesenheitsanträge und Zeitbuchungskorrekturen.
- ÜBERGANGSTABELLE: Anzeige der Tabelle *PTREQ_STATUS_TRA*
  Diese Tabelle enthält den Statusfluss der Abwesenheitsanträge.
- LAUFZEITFEHLER: Transaktion *ST22*
  Fehlerhafte Stammdaten oder fehlende Benutzernamen führen zu sogenannten *Dumps*.
- SPERREINTRÄGE: Transaktion *SM12*
  Im ESS-Umfeld kann es dazu kommen, dass Sperreinträge nicht korrekt abgebaut werden, z. B. wenn eine Browser-Session nicht korrekt geschlossen oder die Netzverbindung unterbrochen wurde.

Beide letztgenannten Transaktionen sind nicht ESS-spezifisch; die Kontrolle der Dumps und offener Sperreinträge gehört im Sinne einer aktiven Systemwartung zu den täglichen Aufgaben der Systemadministration.

Prüfungen vor Produktivstart

- Stammdaten: Vor dem Start von ESS empfehlen wir, die oben beschriebenen notwendigen Stammdaten pro Person zu überprüfen.

- Berechtigungen: Außerdem sollte sichergestellt werden, dass alle ESS-Benutzer einen gültigen User haben und diese mit den korrekten Berechtigungen ausgestattet sind.

Customizing Abwesenheitsantrag

Nachdem Sie die Hintergründe zur Datenspeicherung des Abwesenheitsantrags kennengelernt haben, kommen wir nun zur Konfiguration der Oberfläche (siehe Abbildung 3.6) und des Prozesses.

Der Standardabwesenheitsantrag hat die beiden Bildbereiche »Informationen« (Kalender, Teamkalender, Zeitkonten, Abwesenheitsanträge) und »Datenerfassung« (Details Abwesenheit). Wir erläutern zunächst das notwendige Customizing für die Datenerfassung. In Abbildung 3.6 ist die Anzeige des Bildbereichs »Informationen« minimiert, sodass nur die Überschriften zu sehen sind.

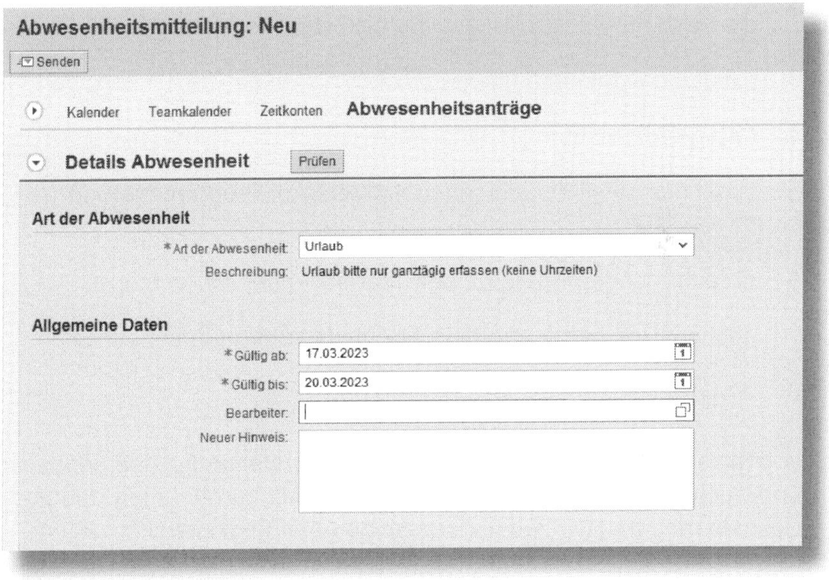

Abbildung 3.6: Abwesenheitsantrag

Neben der Definition der Regelgruppen müssen wir festlegen, welche Ab- oder Anwesenheitsarten wir für die Erfassung im ESS freischalten wollen. Lassen Sie sich bitte nicht durch den Namen dieses Services irritieren, denn wir können auch **An**wesenheiten im ESS erfassen – allerdings mit der Einschränkung, dass dafür das Feld MEHRARBEITSVERRECHNUNGSART nicht zur Verfügung steht, sodass die Behandlung von Mehrarbeit sich z. B. aus dem Tagesarbeitszeitplan ergeben muss (vgl. Abschnitt 2.3.4).

Die Definition erfolgt einfach durch einen Eintrag im Customizing-Schritt BEARBEITUNGSPROZESSE FÜR URLAUBSARTEN BESTIMMEN. Wieder ist der Text im IMG verwirrend, denn es können auch andere Abwesenheiten als Urlaub und ebenso Anwesenheiten beantragt werden.

Zusätzlich können wir in diesem Schritt das spezifische Systemverhalten pro Eintrag festlegen:

1. Den Bearbeitungszeitraum für die An-/Abwesenheitsarten definieren,
2. die Felder STUNDEN/UHRZEIT für die Erfassung freischalten,
3. zusätzliche Erklärungstexte pro An-/Abwesenheitsart anzeigen,
4. Info-/Fehlermeldungen einrichten,
5. zusätzliche Felder einblenden mittels BAdI-Programmierung PT_ABS_REQ,
6. Berechtigungsprüfung für den Teamkalender einrichten,
7. nächste Bearbeiter ermitteln, Suchhilfe konfigurieren,
8. Workflowdefinition.

Wie Sie sehen, sind die möglichen Systemeinstellungen überschaubar und auch weitestgehend gut in der Systemdokumentation erläutert. Deshalb möchten wir hier nur auf einige Abhängigkeiten hinweisen.

Rückrechnungen

Das Erfassen von Abwesenheiten im ESS führt schlussendlich zur Speicherung eines Satzes im Infotyp *2001*. Eine auch für die Vergangenheit zulässige Erfassung führt dazu, dass in der Zeitwirtschaft eine Rückrechnung ausgelöst wird. Daher empfehlen wir, den in die Vergangenheit gerichteten Bearbeitungszeitraum einzuschränken.

Fehleingaben vermeiden

Die Erfassung von Stunden ist nur dann notwendig, wenn An- /Abwesenheiten untertägig, also nicht in Höhe der Sollzeit des Tages zu erfassen sind. Bei ganztägigen An-/Abwesenheiten sollten diese Felder ausgeblendet werden, um Fehleingaben zu vermeiden.

Sperreinträge

Sollten Personalnummern z. B. durch Abrechnungsläufe gesperrt sein, können die Mitarbeiter nicht gleichzeitig Daten im ESS für aktuelle oder vergangene Abrechnungsperioden erfassen.

Kollisionsprüfungen

Bei der Erfassung von An-/Abwesenheiten im ESS laufen dieselben Prüfmechanismen ab wie bei der Erfassung von Daten im TMW oder mittels anderer Transaktionen der Zeitwirtschaft. Sie bekommen die Business-Logik gleich mitgeliefert und müssen diese nicht extra konfigurieren. So werden bei der Erfassung im ESS beispielsweise auch ähnliche Kollisionsprüfungen durchlaufen und entsprechende Meldungen angezeigt.

Meldungsverhalten

Da die Meldungen manchmal sehr technisch und somit für den ESS-Benutzer nicht immer verständlich sind, ist es notwendig, dass Sie die Anzeige von Meldungen im ESS prüfen. Dies können Sie im Customizingschritt AUSGABE VON MELDUNGEN KONFIGURIEREN durchführen. Hier können Sie in einer Tabelle Meldungen erfassen, deren Ausgabe unterdrückt werden soll, oder die SAP-ESS-Meldungstexte durch eigene ersetzen. Sollte das nicht ausreichen, so können Sie weitere Anpassungen über das BAdI `PT_GEN_REQ` mit der Methode `MODIFY_APPLICATION_MESSAGES` ausprogrammieren.

Notizfeld

Im Feld Notizen können hilfreiche Informationen für den Antragsbearbeiter (Vorgesetzten) hinterlegt werden. Diese werden jedoch nur im Antrag und nicht im Infotyp *2001/2002* gespeichert.

Workflow zum Abwesenheitsantrag

Zusätzlich können Sie pro An-/Abwesenheit festlegen, ob eine Genehmigung erforderlich ist und wie für diesen Fall der Genehmiger zu ermitteln ist.

Detailliert auf die Konfiguration von Workflows einzugehen, würde den Rahmen dieses Buches sprengen. Wir wollen an dieser Stelle nur darstellen, was der Standardworkflow leistet, und auf die wichtigsten Anpassungsmöglichkeiten hinweisen.

Als Muster stellt die SAP den *Workflow* WS21500001 PT_TIMREQWDA bereit. Dieser beinhaltet einen Genehmigungsschritt und im Fehlerfall einen Prüfprozess durch den Personalsachbearbeiter. Der Genehmiger ist die Person, die im ESS im Feld Bearbeiter erfasst wurde. Der Sachbearbeiter wird über die Regel 60100010 ermittelt.

Dieser Workflow beinhaltet keine Mailbenachrichtigung. Diese kann unabhängig vom Workflow über das Programm *RPTARQEMAIL* (Abwesenheitsanträge: Versenden von Mails) als Job eingerichtet werden. Dieser Report prüft den Status in der Antragsdatenbank und verschickt die Mails.

Kundenindividuelle Workflowmails

Ein Versenden von für die Anträge spezifischen Mails ist nicht möglich. Daher kann es notwendig sein, einen eigenen Workflow anzulegen und die Mails nicht über diesen Report, sondern per Workflow zu versenden.

An/Abwesenheitskontingente anzeigen

Neben der Erfassung von An-/Abwesenheiten können Sie sich, wie oben beschrieben, noch Informationen zu den eigenen Abwesenheitskontingenten anzeigen lassen und den Teamkalender einblenden, der Ihnen die Abwesenheiten der Kollegen anzeigt. Die Darstellung der Kontingentinformationen übernimmt ein separater Service »Zeitkonten anzeigen«, der hier nur eingebunden wird.

Die Konfiguration des Services »Zeitsalden anzeigen« ist relativ simpel: Sie legen die An- und Abwesenheitskontingente fest, bestimmen deren Reihenfolge in der Anzeige und auch, ob gleiche Kontingenttypen summiert dargestellt werden sollen. Dies erfolgt in den Customizingschritten

- »Anzeige von Abwesenheitskontingenten bestimmen« oder
- »Anzeige von Anwesenheitskontingenten bestimmen«,

die Sie über TRANSAKTION PTARQ • CUSTOMIZING • SERVICESPEZIFISCHE EINSTELLUNGEN • ARBEITSZEITEN • ZEITKONTEN erreichen.

Im Schritt »Berechnung des Resturlaubs bestimmen« legen Sie fest, ob auch Abwesenheitsanträge in die Anzeige des Resturlaubs einfließen sollen.

Im Fall einer Positivzeitwirtschaft werden oftmals Arbeitszeitkonten nicht als Kontingent, sondern als Zeitsaldo im Zeitwirtschaftscluster abgelegt. Wenn Sie zusätzlich kundenspezifische Zeitsalden im ESS-Service anzeigen wollen, so haben Sie zwei Möglichkeiten:

1. Legen Sie zusätzlich ein Kontingent rein zur Anzeige im ESS an und lassen Sie dieses automatisch durch die Zeitauswertung füllen.

2. Nutzen Sie in der Klasse *CL_PT_ARQ_REQ_EXIT* die Methode *GET_TIMETYPES_AS_QUOTAS* und erweitern Sie diese. Klassen können über die Transaktion *SE24* aufgerufen und angepasst werden. Auch hierzu sind ABAP-Programmierkenntnisse erforderlich.

> **Anzeige von Zeitsalden**
>
> Der Standard liefert in dieser Klasse nur die Gleitzeit, d. h. die Zeitart *0005* der Tabelle »Monatssalden« aus den Zeitauswertungsergebnissen.

Teamkalender konfigurieren

Der Teamkalender zeigt für alle Personen der eigenen Organisationseinheit die Feiertage und Abwesenheiten, siehe Abbildung 3.7. Zur Darstellung der Anwendung »Teamkalender« unter SAP Fiori siehe Abschnitt 3.6.5.

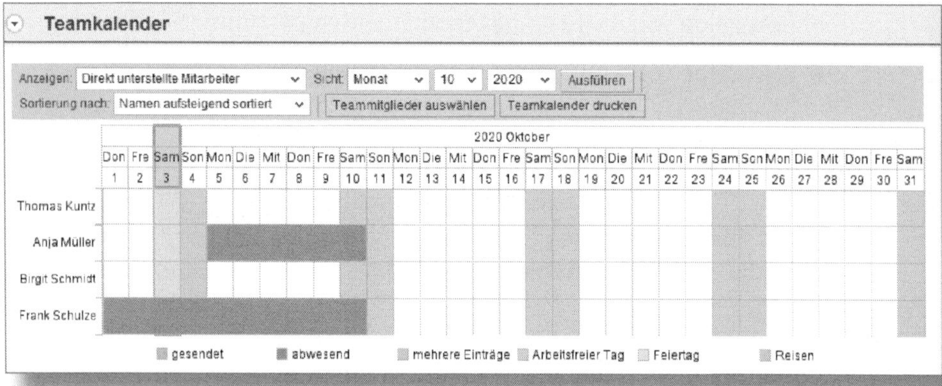

Abbildung 3.7: Teamkalender

Das Customizing finden wir unter SERVICESPEZIFISCHE EINSTELLUNGEN • ARBEITSZEITEN • TEAMKALENDER. Zur Konfiguration des Teamkalenders sind folgende Schritte durchzuführen:

1. Anzuzeigende Abwesenheiten bestimmen – Hier bestimmen Sie, welche Abwesenheiten angezeigt werden sollen. Diese Tabelle wird ebenfalls für das Customizing des Abwesenheitsantrages verwendet.

2. Farbanzeige der Abwesenheiten bestimmen – Hier legen Sie fest, ob Anträge im Teamkalender besonders dargestellt werden.

3. Mitarbeiter auswählen.

4. Layout des Teamkalenders definieren – Hier definieren Sie die Zeilenanzahl des Teamkalenders.

Sie können die Mitarbeiterauswahl pro Rolle, d. h. für MSS und ESS getrennt, unterschiedlich gestalten. Dazu dient das Feld Modus. Im Standard sind die in Tabelle 3.4 beschriebenen Konstellationen vordefiniert.

Modus	Text	Beschreibung
R	Antragstellung	Mitarbeitersicht, Gruppe ESS_LEA_EE (Teammitglieder)
A	Genehmigung	MSS-Genehmigungssicht, Gruppe MSS_LEA_EE (»alle Mitarbeiter« und »direkt unterstellte Mitarbeiter«)
T	Teamview	Teamkalender für Personalverantwortliche, Gruppe MSS_LTV_EE (»alle Mitarbeiter« und »direkt unterstellte Mitarbeiter«)

Tabelle 3.4: Modus Teamkalender

Die Gruppe definiert die Mitarbeiter. Bei den Einträgen handelt es sich um sogenannte *Objekt- und Datenprovider*, die letzten Endes über *Auswertungswege* des Organisationsmanagements die anzuzeigenden Personen ermitteln. Wir werden auf die Möglichkeiten der Objekt- und Datenprovider im Abschnitt 3.3 noch detaillierter eingehen. Das Customizing zum MSS ermöglicht sodann, diese Objekt- und Datenprovider anzupassen.

Mitarbeiterauswahl TMW

Diese Tabelle kann übrigens auch für die Mitarbeiterselektion innerhalb des TMW genutzt werden. In diesem Fall ist in der View V_PTREQ_TEAM nicht das Kriterium *Sichtengruppe*, sondern *GruppierungsID* zu wählen.

Alle beschriebenen Einstellungen zum Teamkalender sind abhängig von der Regelgruppe. Darüber hinaus kann der Teamkalender auch durch den Anwender noch angepasst werden. Außerdem lassen sich Teammitglieder ausblenden, oder die Sortierreihenfolge lässt sich ändern.

Abwesenheitsübersicht

Die Abwesenheitsübersicht stellt die Anträge dar, die z. B. noch nicht im Infotyp *2001/2002* verbucht wurden oder in der Zukunft liegen. Systemeinstellungen sind dazu nicht notwendig.

Neben der Abwesenheitsübersicht, eingebunden in die Funktion ABWESENHEITSANTRAG ANLEGEN, gibt es außerdem den direkt aufzurufenden Service ABWESENHEITSÜBERSICHT. Über diesen können zusätzlich Abwesenheitsanträge wieder zurückgezogen werden. Dieser Vorgang kann im Customizing zum Abwesenheitsantrag mit einem eigenen Workflow versehen werden.

Übersicht der Anpassungsmöglichkeiten

Um die Business-Logik zu verändern, bietet die SAP über BAdIs die Möglichkeit, das Systemverhalten an Kundenanforderungen anzupassen. Für die Abwesenheitsmitteilungen sind dies:

- Bearbeitung der Abwesenheitsmitteilungen steuern,
- Bearbeitungsprozesse für Web-Anwendungen zur Zeitwirtschaft steuern.

Letzteres (BAdI-Definition PT_GEN_REQ) wird in diversen ESS-Services zur Zeitwirtschaft durchlaufen und kann insbesondere zur Anpassung der *Bearbeiterfindung* genutzt werden.

Sollten die Möglichkeiten des Customizings zur Einrichtung der Oberfläche nicht ausreichen, so muss man die bestehende Entwicklung in den Kundennamensraum kopieren und anpassen. Die Schritte dazu sind beispielhaft im IMG aufgeführt unter:

SERVICESPEZIFISCHE EINSTELLUNGEN • ARBEITSZEITEN • ABWESENHEITSMITTEILUNG • LAYOUT DER WEB-ANWENDUNG • BENUTZUNGSOBERFLÄCHEN KONFIGURIEREN.

! ESS-Anwendungen in den Kundennamensraum kopieren

Die Kopie der Anwendung in den Kundennamensraum kann dazu führen, dass Neuentwicklungen nicht mehr automatisch in Ihre ESS-Anwendung übernommen werden. Daher sollte vorher geprüft werden, ob durch diese Anpassung tatsächlich eine erhebliche Prozessverbesserung erzielt wird.

3.2.3 ESS-Service »Zeitbuchungskorrekturen«

Anpassungsmöglichkeiten

Die Konfigurationsoptionen für Zeitbuchungskorrekturen sind ähnlich denen des Abwesenheitsantrags. Wir finden das Customizing unter SERVICESPEZIFISCHE EINSTELLUNGEN • ARBEITSZEITEN • ZEITBUCHUNGSKORREKTUREN • FRISTEN FÜR ZEITBUCHUNGSKORREKTUREN FESTLEGEN.

Generell ist das Erfassen von Daten in der Zukunft nicht erlaubt, sondern nur für Korrekturen am laufenden Tag oder in die Vergangenheit. Darüber hinaus kann die Bearbeitung auf Tage eingeschränkt werden, an denen Fehlermeldungen aus der Zeitauswertung vorliegen, also eine Datenerfassung notwendig ist.

Eine Änderung der vom Zeitsachbearbeiter erfassten Zeiten (Herkunftskennzeichen = M) durch den Mitarbeiter ist allerdings generell nicht möglich.

In der Definition des Verarbeitungsprozesses können Sie bestimmen, ob:

1. Änderungen, Löschungen und/oder eine Neuerfassung möglich,
2. Genehmiger und eine Workflowdefinition notwendig sowie
3. die Erfassung von Notizen möglich sein sollen.

Außerdem lässt sich bestimmen, dass nach Erfassung der Zeitbuchungskorrektur direkt eine Zeitauswertung im Hintergrund gestartet wird. Da diese im Normalfall als Systemjob für alle Mitarbeiter läuft, sollte aber erst geprüft werden, ob dies an dieser Stelle wirklich notwendig ist. Zwar erhält der Mitarbeiter sofort eine Rückmeldung, ob seine erfassten Daten korrekt verarbeitet werden konnten, allerdings erhöhen sich durch diesen Schritt die Antwortzeiten dieser Anwendung. Abbildung 3.8 zeigt das Customizing zu Zeitbuchungskorrekturen.

Workflow-Muster

☐ SAP Business Workflow verwenden

Systemverhalten

☐ Korrekturen müssen genehmigt werden
☐ Neue Zeitbuchungen dürfen nicht erfasst werden
☐ Buchungen dürfen nicht gelöscht werden
☐ Buchungen dürfen nicht geändert werden
☐ Zeitauswertungslauf direkt beim Sichern (Antwortzeiten)

Oberflächenelemente

☐ Feld für nächsten Bearbeiter anzeigen
☐ Mitarbeiter darf Bearbeiter ändern
☐ Eingabe des Bearbeiters nicht nötig
☐ Notizen verwenden

Ermittlung des nächsten Bearbeiters

Ermittlung des nächsten Bearbeiters: Letzter Bearbeiter

Abbildung 3.8: Customizing Zeitbuchungskorrekturen

> **! Abhängigkeit zu Customizing-Subsystem**
>
> In dem Schritt MINDESTABSTAND VON ZEITEREIGNISSEN FESTLEGEN definieren wir, wie viele Sekunden zwei Zeitereignisse mindestens auseinander liegen müssen, damit sie erfasst werden dürfen. Es handelt sich um dieselbe Tabelle, die auch das Verhalten der Zeitwirtschaftssubsysteme bei der Erfassung von Zeitbuchungen steuert, sodass Seiteneffekte in Betracht gezogen werden müssen.

Wie schon bei den Abwesenheitsanträgen, so können Sie auch das Meldungsverhalten konfigurieren. Diese Tabelle ist wiederum nicht servicespezifisch, sondern allein abhängig von der Regelgruppe. Dies zeigt uns wieder, dass es notwendig ist, sich bereits in der Konzeptionsphase Gedanken zu den Ausprägungen der Regelgruppen zu machen.

Datenerfassung

Nachdem wir die Anwendung richtig konfiguriert haben, könnte unsere Eingabemaske wie in Abbildung 3.9 aussehen.

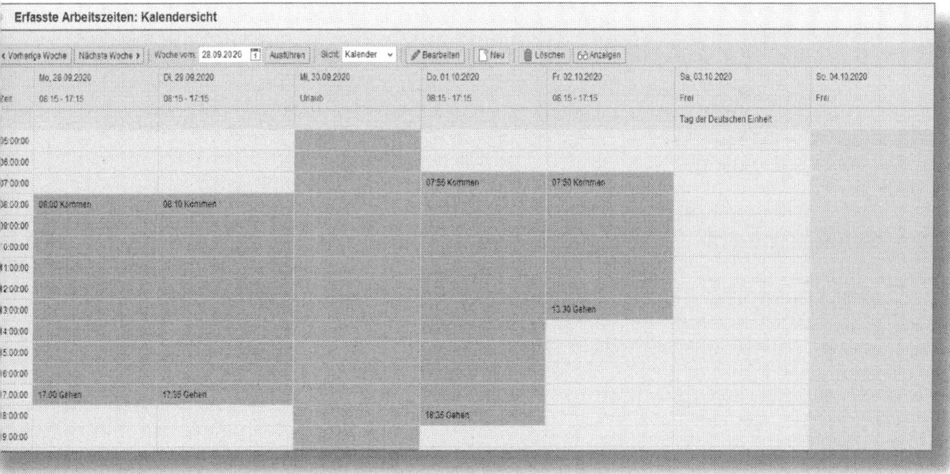

Abbildung 3.9: Erfasste Arbeitszeiten, Kalendersicht

Sie können die Darstellung dieser Eingabemaske noch Ihren Anforderungen entsprechend konfigurieren. Dies erfolgt unter dem Customizingpunkt LAYOUT DER WEB-ANWENDUNG.

1. Kalender/Feiertage

Der Kalender umfasst immer eine Woche; mögliche Anpassungen pro Regelgruppe sind:

- Zeilen pro Tag,
- erste Uhrzeit,
- fixer Zeitrahmen bzw. abhängig vom Periodenarbeitszeitplan,
- Anzeige von Zeitereignissen und Abwesenheiten erlaubt.

! Abhängigkeit im Customizing

Gerade die Anzeige von Zeitereignissen **und** Abwesenheiten ist für den Anwender sehr hilfreich. Zu beachten ist hierbei, dass wir wieder auf dieselbe Tabelle zugreifen, die wir auch für die Konfiguration der Abwesenheitsmitteilung genutzt haben (BEARBEITUNGSPROZESSE FÜR URLAUBSARTEN BESTIMMEN). Wenn die Abwesenheiten also nur in der Zeitbuchungskorrektur angezeigt werden, nicht aber in der Abwesenheitsmitteilung eingebbar sein sollen, müssen Sie darauf achten, dass Sie das Feld BEARBEITUNG IST VERBOTEN markiert haben.

2. Feldauswahl

Hier können für die Erfassung von Zeitereignissen Zusatzfelder für

- die Kostenzuordnung und
- den Abwesenheitsgrund

aufgenommen werden. Diese können mit einem alternativen Bezeichner angezeigt und mit Zeitereignissen verknüpft werden. Die Erfassung der zusätzlichen Informationen ist nur sinnvoll, wenn diese Daten auch durch die Zeitauswertung verarbeitet werden können. Für die Verarbeitung von Abwesenheitsgründen muss z. B. die Personalrechenregel *TD80* im Zeitauswertungsschema aktiviert sein.

Weitere Abhängigkeit zu Customizing-Subsystem

Wir empfehlen, für die anzuzeigenden Felder die Einstellungen des Zeiterfassungssubsystems für das ESS zu übernehmen. Gleiches trifft auf die anzuzeigende Salden zu. Auch an dieser Stelle greifen wir auf eine Tabelle zu, die gleichermaßen für die Anzeige der Salden am Subsystem verwendet wird.

3. Erweiterungsmöglichkeiten für Zeitbuchungskorrekturen

- PT_GEN_REQ: Bearbeiterfindung, siehe in Abschnitt 3.2.3 »Übersicht der Anpassungsmöglichkeiten«,
- PT_COR_REQ: Verbuchung von Zeitkorrekturen steuern,
- HRESS_CIN_OUT_CORR_LEGEND_ENH: Texte und Farben anpassen.

3.2.4 ESS-Service »Zeitkonten anzeigen«

Dieser Service ist direkt über die Navigation oder eingebunden in den Abwesenheitsantrag aufzurufen. Wir haben in Abschnitt 3.2.2 bereits die dazu notwendigen Systemeinstellungen beschrieben.

3.2.5 ESS-Service »Zeitnachweis«

Die Anzeige des Zeitnachweises erfolgt entweder für den aktuellen Monat oder mit freier Zeitraumauswahl. In beiden Fällen wird ein Formular aufgerufen, welches in dem Merkmal *HRFOR* als Rückgabewert zu hinterlegen ist. Optional können jeweils unterschiedliche Formulare hinterlegt werden. Im Standard wird ein Smartform-Formular (Formularklasse TIME) verwendet. Auf die Anpassungen von Smartforms wollen wir nicht weiter eingehen.

3.2.6 Ansicht Feiertagskalender

Seit dem Release EHP7 liefert die SAP den ESS-Service »Feiertage« als Bestandteil der Rolle SAP_EMPLOYEE_XX_ESS_WDA_3 aus. Über diesen kann sich der Mitarbeiter eine Liste aller Feiertage eines Jahres anzeigen lassen. Ein Absprung zu anderen Feiertagskalendern ist ebenfalls möglich. Eine zusätzliche Funktion dieser Anwendung besteht darin, dass sich der Kalender per Mail zusenden und in das eigene Mailprogramm importieren lässt. Konfigurationen sind für diesen Service nicht durchzuführen.

3.2.7 Berechtigungen

Als Musterrolle für einen ESS-Benutzer wird die PFCG-Rolle HCM_ESS_WDA_3 (Stand EHP7), ausgeliefert. Diese enthält das Berechtigungsobjekt P_PERNR für Zugriffe auf eigene Infotypen, insbesondere auf die Infotypen *0000*, *0001*, *0002* und *0105* sowie die Infotypen der Zeitwirtschaft. Über das Berechtigungsobjekt PLOG werden Zugriffe auf Objekte des Organisationsmanagements gegeben, diese sind notwendig zur Vorgesetztenfindung und zur Darstellung des Teamkalenders.

Sollte die Berechtigungsprüfung *Teamkalender* aktiv sein, müssen die Benutzer Berechtigungen für die Infotypen *2001* und *2002* besitzen.

Das Berechtigungsobjekt P_ABAP gibt den Zugriff auf den Report *RPTEDT00* (Zeitnachweis) frei. Anwendungsübergreifende Berechtigungen sind insbesondere für die Workflows, Berechtigungsobjekt S_WF_WI, und die Web-Dynpro-Anwendungen, Berechtigungsobjekt S_START, notwendig. Alternativ können Sie im Customizing Berechtigungsprüfungen für Regelgruppen deaktivieren.

3.2.8 User-Exits, Erweiterungskonzept

Innerhalb der Beschreibung der einzelnen Services sind wir bereits auf die BAdIs eingegangen, die uns explizit für die weitere Anpassung des jeweiligen Services zur Verfügung stehen. In der Customizing-Aktivität NICHTVERFÜGBARKEIT DER SERVICES KONFIGURIEREN können wir übergreifend bestimmte Services für einen Mitarbeiter auf »nicht mehr verfügbar« setzen. Als Grundlage hierfür dienen Kriterien unserer Wahl, beispielsweise wenn der Status seines Beschäftigungsvertrags *zurückgezogen* ist.

3.3 MSS-Prozesse in der Zeitwirtschaft

Bis einschließlich Release EHP5 wurden dem Manager lediglich Anwendungen für die klassischen Vorgesetztenaufgaben bereitgestellt. Bezogen auf die Zeitwirtschaftsprozesse, waren dies:

- Genehmigung von Anträgen – Bearbeitung von Anträgen aus Abwesenheiten oder Zeitbuchungen,
- Berichtswesen – Darstellung einer Jubiläums- und Geburtstagsliste der Teammitglieder sowie die Möglichkeit, weitere Reports einzubinden,
- Anwesenheitsübersicht – grafische Übersicht über An- und Abwesenheiten der Teammitglieder.

Seit dem Release EHP6 kann der Manager zusätzlich über dieselbe Oberfläche wie der Mitarbeiter Daten für seine Mitarbeiter erfassen. Die SAP spricht bei diesem Szenario von »ESS on behalf in MSS«. Wir werden zunächst die klassischen Vorgesetztenanwendungen erläutern und anschließend *ESS on behalf* darstellen sowie dazu kurz auf die jeweiligen Oberflächen und das Customizing eingehen.

In SAP Fiori ab Version 2.0 können die ESS-Zeitwirtschaftsprozesse ebenfalls vom Vorgesetzten für seine Mitarbeiter durchgeführt werden. Die Anwesenheitsübersicht wird im Teamkalender abgebildet und Benachrichtigungen informieren den Vorgesetzten über Ereignisse (weitere Details siehe Abschnitt 3.6).

Die folgenden Abschnitte 3.3.1 bis 3.4.7 stellen die Anwendung in der WebDynpro-Ansicht dar.

3.3.1 Beschreibung der Anwendung

Wir schauen uns das Beispiel MSS im NWBC an und vergeben dazu unserem Testbenutzer die Sammelrolle »SAP_MANAGER_MSS_NWBC_2«. Diese definiert die Startseite und die Menüstruktur mit den Navigationsmöglichkeiten. Der Vorgesetzte erhält dadurch die Einstiegsseite, deren schematischer Aufbau in Abbildung 3.10 dargestellt wird.

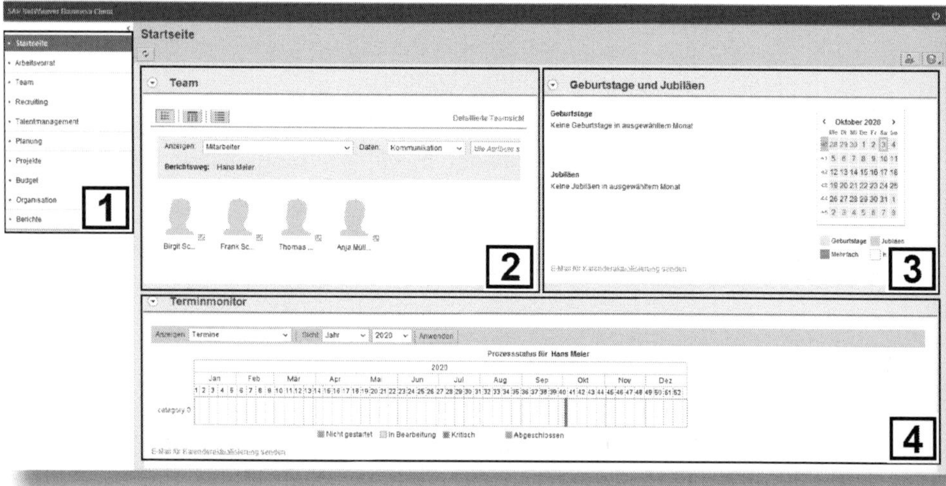

Abbildung 3.10: Personalisierte MSS-Startseite

Der Benutzer hat in dieser Oberfläche neben dem Navigationsbereich ❶ die Startseite mit den Views:

- TEAM ❷
  Darstellung der Personen, z. B. der Organisationseinheit.
- GEBURTSTAGE UND JUBILÄEN ❸ aller Teammitglieder
  Das Geburtsdatum wird aus dem Infotyp *0002*, Jubiläen werden aus dem Eintrittsdatum ermittelt. Sollte sich das Eintrittsdatum in dem angezeigten Monat jähren, wird es angezeigt. Man kann die Anzeige auf runde Jubiläen einschränken.
- TERMINMONITOR ❹
  Enthält Termine aus dem Performance- und Vergütungsmanagement der Teammitglieder, also aus Beurteilungsformularen und Vergütungsrunden. Weitere Termine können über das BAdI HRMSS_B_DM_PROCESS_INFO selektiert werden, siehe hierzu MANAGER SELF-SERVICE (WEB DYNPRO ABAP) • EINSTELLUNGEN FÜR TERMINMONITOR. Über den Terminmonitor ist es außerdem möglich, einen Kalendereintrag zu einem Termin per Mail zu versenden. Die Anpassung dieser Mail geht ebenfalls über ein BAdI, welches Sie unter MANAGER SELF-SERVICE (WEB DYNPRO ABAP) • EINSTELLUNGEN FÜR KALENDERAKTUALISIERUNG finden.

Anpassung der MSS-Startseite

Um dem Vorgesetzten eine möglichst intuitiv zu bedienende Oberfläche ausschließlich für die Zeitwirtschaftsprozesse bereitzustellen, haben wir die Standard-Einstiegsseite in Abbildung 3.10 über das Symbol PERSONALISIEREN bereits angepasst, indem wir die beiden Einträge *Kompetenzabgleich* (Qualifikationen aus dem Infotyp *0024*) und *Zeiterfassung* (CATS) in Spalte 2 gelöscht haben. Diese Anpassung ist in Abbildung 3.11 dargestellt: Die beiden Einträge müssen in der PERSONALISIERUNG im LAYOUT ZU ABSCHNITT 1 lediglich markiert ❶ und über die Mülltonne ❷ entfernt werden.

Abbildung 3.11: Personalisierung der Startseite

Zur besseren Darstellung könnte z. B. die Geburtstags- und Jubiläumsliste in den Abschnitt 2, also in die untere Bildschirmhälfte gezogen werden.

Für alle Benutzer geht das vollständige Ausblenden ganzer Blöcke leider nicht z. B. über die Rollenpflege, sondern nur über eine Anpassung der *Web-Dynpro-Konfiguration*.

Anpassung der Navigation

In unserer Rolle SAP_MANAGER_MSS_NWBC_2 sind bereits alle MSS-Szenarien im Standard enthalten. Daher bietet es sich an, die Navigation etwas aufzuräumen und nicht benötigte Einträge zu entfernen. Dies geht einfach über die Anpassung der PFCG-Rolle.

Wir kopieren also die Standardrolle in den Kundennamensraum und entfernen die nicht benötigten Einträge sowie die korrespondierenden Berechtigungen aus dem Menü.

Für unsere Anforderungen reicht es, die Knoten STARTSEITE, ARBEITSVORRAT und TEAMSICHT zu belassen und die anderen Einträge zu löschen. Unsere PFCG-Rolle sieht dann wie in Abbildung 3.12 aus.

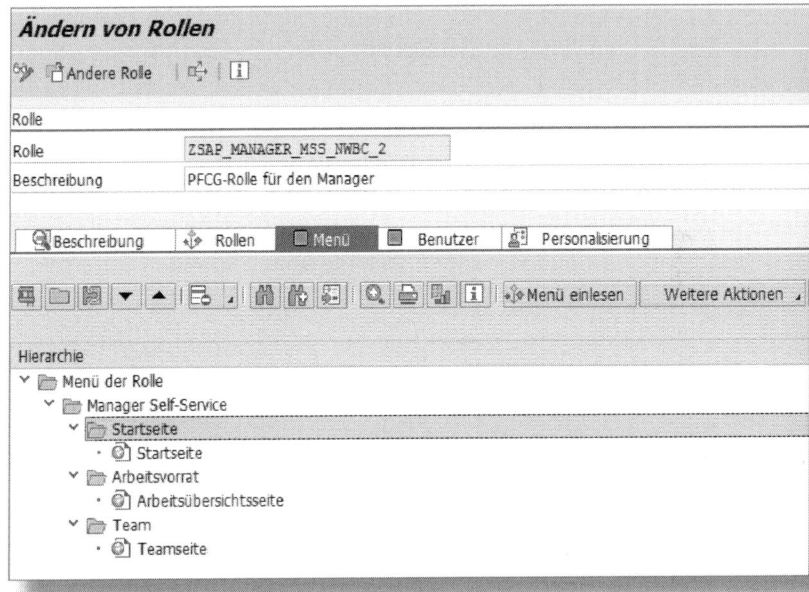

Abbildung 3.12: MSS-PFCG-Rolle

Betrachten wir die einzelnen Knoten im Menü der Rolle sowie deren Darstellung, so ergeben sich folgende Fragen:

- Wie werden die angezeigten Mitarbeiter auf der Startseite selektiert?
- Welche Daten werden zu diesen Mitarbeitern angezeigt?
- Welche Art von Bearbeitungsprozessen wird dem Manager in den Arbeitsvorrat gestellt?

Wir werden insbesondere in den Abschnitten »Objektselektion«, »Objekt- und Datenprovider« (3.3.2) sowie »Anpassung der Spalten einer POWL« (3.3.3) auf diese Fragen eingehen und die Oberfläche für unseren Prozess der Bearbeitung von Zeitdaten sinnvoll einrichten.

Vor allem durch das SAP-Erweiterungskonzept ergeben sich vielfältige Alternativen, Oberflächen oder Prozesse durch ABAP-Web-Dynpro-Programmierung anders zu gestalten. Wir beschränken uns im Folgenden jedoch auf die Anpassungsmöglichkeiten, die sich durch das Customizing ergeben, da dadurch bereits eine Vielzahl von Anforderungen abgedeckt werden kann.

Objektselektion

Die *Objektselektion* bestimmt die Auswahl der Mitarbeiter oder Objekte des Organisationsmanagements sowie die anzuzeigenden Daten.

Objekt- und Datenselektion der Geburtstagsliste

Die Standardobjektselektion dazu ist MSS_ROD_SEL1. Diese definiert die anzuzeigenden Mitarbeiter als Personen der Organisationseinheit sowie die Daten, in diesem Fall das Geburtsdatum.

Da Objektselektionen auch für die Teamsicht verwendet werden, werden wir auf deren Konfiguration im Rahmen der Teamsicht eingehen.

3.3.2 Customizing MSS-Teamsicht

Die Teamsicht wurde zu EHP5 komplett neu aufgebaut und enthält viele sinnvolle und ansprechend dargestellte Informationen.

Die Hauptnavigation erfolgt über zwei unterschiedliche Sichten (*Mitarbeiter* sowie *Organisationseinheiten und Planstellen*, siehe Abbildung 3.13 im Bereich »ANZEIGEN«), die jeweils unterschiedliche Daten anzeigen und deren Basiskonfiguration wir nachfolgend erläutern.

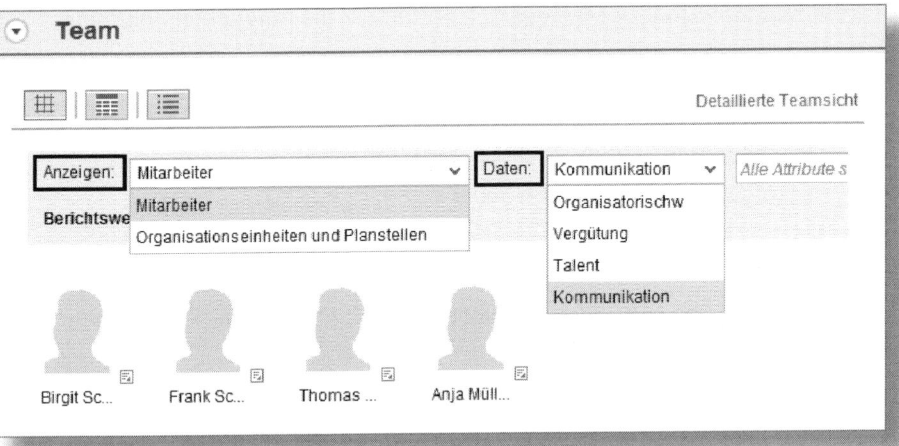

Abbildung 3.13: Navigation in der Teamsicht

Darstellung der Organisationsstruktur

Anders als das Customizing zum ESS, sind die Systemeinstellungen zu MSS nicht über die Transaktion PTARQ aufzurufen, sondern befinden sich unter PERSONALMANAGEMENT • MANAGER SELF-SERVICE (WEB DYNPRO ABAP). Das Customizing zur Darstellung der Organisationsstruktur finden Sie in ANPASSUNG DES LAYOUTS unter VISUALISIERUNG DER ORGANISATIONSSTRUKTUR • VISUALISIERUNG DES ORGANISATIONSDIAGRAMMS KONFIGURIEREN.

Die Standardkonfiguration des Organisationsdiagramms bietet bereits alle notwendigen Systemeinstellungen für eine lauffähige Version; für die Anzeige der zugeordneten Mitarbeiter relevant ist die *Hierarchie* **MSSBIZVIEW**. Diese definiert die Ansichten MITARBEITER/ORGANISATION, die von der SAP auch als *Strukturen* bezeichnet werden. Innerhalb der Hierarchie MSSBIZVIEW gibt es demnach die beiden Strukturen:

- Mitarbeiter, technisch MSS_EMP_HIER, und
- Organisationseinheiten und Planstellen, technisch MSS_TV_BIZ_POS.

Innerhalb der Struktur MITARBEITER finden Sie die *Navigationsfeldgruppen*:

- Organisatorisch, technisch MSS_TMV_BIZ_EOR,
- Vergütung, technisch MSS_TMV_BIZ_ESL,
- Talent, technisch MSS_TMV_BIZ_ETL,
- Kommunikation, technisch MSS_TMV_BIZ_NAV.

Die Struktur ORGANISATIONSEINHEITEN UND PLANSTELLEN ist nicht weiter unterteilt.

Strukturen und Navigationsfeldgruppen

Über die Strukturen und Navigationsfeldgruppen werden sowohl die Anzeige von Informationen auf der Visitenkarte, im Raster und in der Hierarchiedarstellung als auch die Informationen in den Spalten der Listdarstellung gesteuert. Die Daten sind also bei Raster-, Hierarchie- oder Spaltendarstellung identisch, lediglich die Visualisierung ist unterschiedlich (vgl. Abbildung 3.14, Abbildung 3.15, Abbildung 3.16).

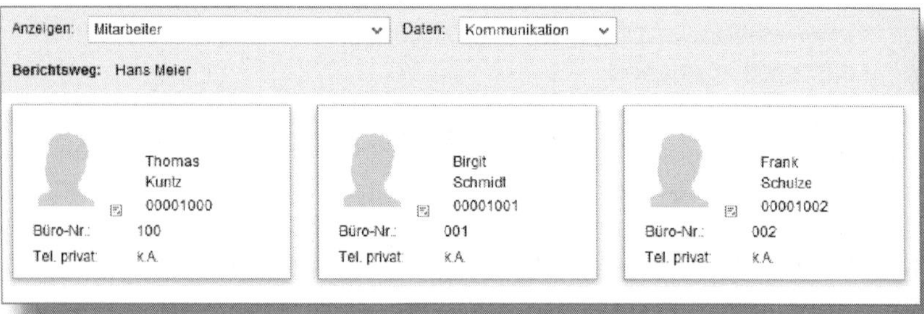

Abbildung 3.14: Team-Visualisierung, Beispiel Visitenkarte

Anzeigen: Mitarbeiter   Daten: Kommunikation

Berichtsweg: Hans Meier

Name	Personalnummer	Büro-Nr	Tel. privat	E-Mail	Büro
Thomas Kuntz	00001000	100	k.A.	KUNTZ@UNTERNEHMEN.DE	VW/101
Birgit Schmidt	00001001	001	k.A.	SCHMIDT@UNTERNEHMEN.DE	VW/101
Frank Schulze	00001002	002	k.A.	k.A.	VW/101
Anja Müller	00001003	003	k.A.	MUELLER@UNTERNEHMEN.DE	VW/101

Abbildung 3.15: Team-Visualisierung, Beispiel Liste

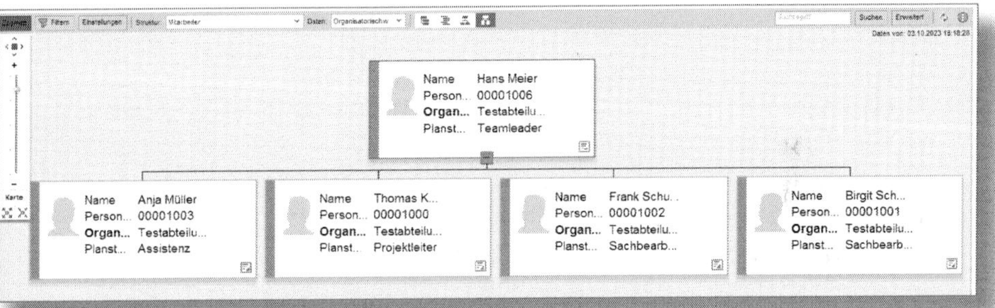

Abbildung 3.16: Team-Visualisierung, Beispiel Hierarchie

Die Systemeinstellungen werden im VIEWCLUSTER *VC_HIER_VIS* abgelegt. Wenn Sie Anpassungen vornehmen wollen, müssen Sie die Einträge in das Viewcluster für Kundeneinträge *VC_HIER_VIS_C* übertragen. Die SAP stellt dazu den Report RP_HIER_VIS_COPY_CONFIGURATION bereit (Customizing: STANDARDKONFIGURATION DER ORGANISATIONSDIAGRAMME ÜBERTRAGEN), der Ihnen die Arbeit abnimmt und die Einstellungen der Hierarchie MSSBIZVIEW überträgt. Dort können Sie dann Ihre Anpassungen zur Hierarchie (siehe Abbildung 3.17) vornehmen.

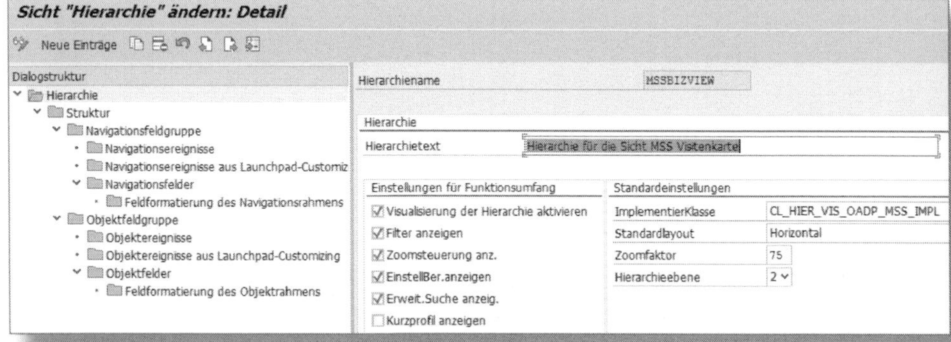

Abbildung 3.17: Viewcluster VC_HIER_VIS_C

Damit unsere Kundenhierarchie tatsächlich angezeigt wird, müssen wir die *Visualisierung der Hierarchie aktivieren*.

Um dem Vorgesetzten eine möglichst einfache Oberfläche mit nur den benötigten Informationen zur Bearbeitung der Zeitwirtschaftsprozesse bereitzustellen, können Sie einige Einträge entfernen, z. B. die Navigationsfeldgruppen TALENT und VERGÜTUNG, die nur sinnhaft sind, wenn man auch die jeweiligen SAP-Komponenten einsetzt.

Darüber hinaus können Sie die Darstellung u. a. wie folgt verändern:

- Auswahl der angezeigten Informationen anpassen,
- Reihenfolge der Informationen ändern,
- Farblayout anpassen.

Damit haben wir die verschiedenen Ansichten (Strukturen und Navigationsfeldgruppen) innerhalb der Teamsicht beschrieben. Zu klären ist noch, welche Daten, also welche Mitarbeiter und Organisationseinheiten/Planstellen, dem Manager angezeigt werden und ob die Anzeige angepasst werden kann.

Objekt-und Datenprovider

Auf der MSS-Startseite (vgl. Abbildung 3.10) sowie in der Teamsicht (Sicht MITARBEITER, Abbildung 3.13) werden dem Vorgesetzten Informationen für zugeordnete Mitarbeiter angezeigt. Ebenso werden innerhalb der Bearbeitung von Abwesenheitsanträgen die zugeordneten Mitarbeiter angezeigt. Diese Listen basieren auf den Strukturen des Organisationsmanagements.

Zur Selektion der zugeordneten Mitarbeiter verwendet die SAP sogenannte *Objekt- und Datenprovider* (vgl. Abschnitt 3.3.1). Über diese können Sie sowohl die Selektion der Objekte als auch die auszugebenden Daten konfigurieren. Zur Selektion der Objekte müssen **Wurzelobjekte** und **Auswertungswege** festgelegt und für die Zielliste die Spalten dieser Liste, also die anzuzeigenden Daten definiert werden.

Das Customizing der Objekte befindet sich unter PERSONALMANAGEMENT • MANAGER SELF-SERVICE (WEB DYNPRO ABAP). Unter dem Unterpunkt OBJEKT- UND DATENPROVIDER sind Anpassungsmöglichkeiten aufzurufen, für unser Beispiel des Teamkalenders etwa die ORGANISATIONSSICHT.

Die GRUPPE DER ORGANISATIONSSICHT stellt die Verbindung zur Web-Dynpro-Anwendung dar und besteht aus den einzelnen, zu konfigurierenden ORGANISATIONSSICHTEN. Sollten Sie eine eigene Gruppe definieren, müssten Sie u. a. diese in der Anwendung hinterlegen.

Gruppe der Organisationssicht in der Teamsicht

Im Beispiel der Teamsicht enthält die Gruppe MSS_LTV_EE die Organisationssichten MSS_LTV_EE_ALL (Alle Mitarbeiter) und MSS_LTV_EE_DIR (Direkt unterstellte Mitarbeiter).

Die Organisationssicht enthält dann die Objektselektion, d. h. die Definition der anzuzeigenden Daten, die in den Regeln für die Zielobjekte anzugeben ist, wie in Abbildung 3.18 dargestellt.

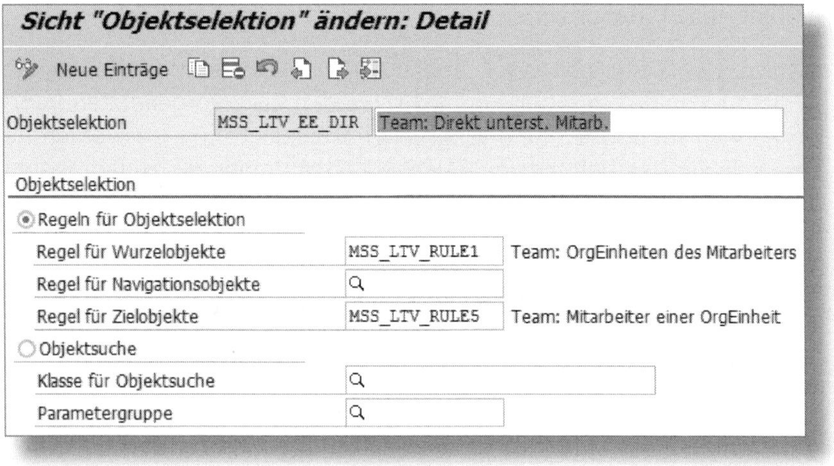

Sicht "Objektselektion" ändern: Detail

Neue Einträge

Objektselektion MSS_LTV_EE_DIR Team: Direkt unterst. Mitarb.

Objektselektion

Regeln für Objektselektion

Regel für Wurzelobjekte MSS_LTV_RULE1 Team: OrgEinheiten des Mitarbeiters

Regel für Navigationsobjekte

Regel für Zielobjekte MSS_LTV_RULE5 Team: Mitarbeiter einer OrgEinheit

Objektsuche

Klasse für Objektsuche

Parametergruppe

Abbildung 3.18: Customizing Objektselektion

Das Customzing aus Abbildung 3.18 finden wir unter OBJEKT- UND DATENPROVIDER • OBJEKTPROVIDER • OBJEKTAUSWAHLEN DEFINIEREN. Wir haben in den bereits dargestellten Objektselektionen immer auch den technischen Namen angegeben, sodass die Einstellungen zu den anderen Objektselektionen überprüft werden können. Hier dargestellt ist die OBJEKTSELEKTION *MSS_LTV_EE_DIR*, die die Regeln zur Ermittlung der WURZELOBJEKTE (*MSS_LTV_RULE1*) und der ZIELOBJEKTE (*MSS_LTV_RULE5*) innerhalb der Teamsicht definiert. Darüber hinaus können Regeln für den Navigationsbereich angegeben werden, der eine Teilmenge des Objektbereichs ist.

Objektbereich der MSS_LTV_EE_DIR

Der Objektbereich definiert alle Organisationseinheiten des Managers, der Navigationsbereich stellt dann eine dieser Organisationseinheiten mit den Planstellen und Personen dar.

Um die tatsächlichen Objekte zu ermitteln und Informationen anzeigen zu lassen, müssen Sie den Regeln die Auswertungswege zuordnen. Die möglichen Auswertungswege sind jene, die im Modul »Organisationsmanagement« definiert worden sind. Der Standardauswertungsweg für die Teamsicht zur Ermittlung des Vorgesetzten ist SAP_MANG. Dieser ist definiert als *OrgEinheiten, die Person bzw. Benutzer leitet*. Als Ergebnis liefert dieser Auswertungsweg eine Organisationseinheit zurück (siehe Abbildung 3.19).

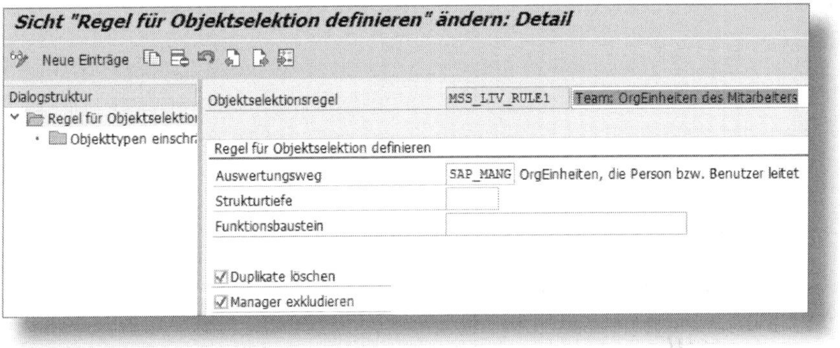

Abbildung 3.19: Customizing, Regel für Objektselektion

Es können aber auch andere Wurzelobjekte innerhalb der Objekt- und Datenprovider verwendet werden. Sollten die verfügbaren Auswertungswege für die Selektion nicht ausreichen, können darüber hinaus Regeln über einen Funktionsbaustein die Objekte ermitteln.

Damit haben wir im ersten Schritt die anzuzeigenden Objekte bestimmt. Als Nächstes betrachten wir die zu diesen Objekten – in unserem Fall die zugeordneten Mitarbeiter – anzuzeigenden Daten. Das Customizing dazu finden Sie unter PERSONALMANAGEMENT • MANAGER SELF-SERVICE (WEB DYNPRO ABAP) • OBJEKT- UND DATENPROVIDER • DATENPROVIDER.

Datenprovider werden in Gruppen zusammengefasst und diese Gruppen den Organisationssichten zugeordnet. Die einzelnen Datenprovider bestimmen die anzuzeigenden Informationen. Die SAP spricht in diesem Fall von *Spalten*, wobei die Spalten zu Spaltengruppen zusammengefasst sind. Die *Spaltengruppe* wird dann dem Datenprovider zugeordnet.

Die SAP hat den Standardfall komplett konfiguriert, sodass wir in unserem Fall, in welchem der Vorgesetzte seine Mitarbeiter sehen soll, keine weiteren Einstellungen vornehmen müssen, um eine lauffähige Version zu erhalten.

3.3.3 Arbeitsvorrat: Genehmigung von Anträgen und POWL

Der Vorgesetzte erhält in seinem Arbeitsvorrat die zu genehmigenden Anträge seiner Teammitglieder sowie weitere Informationen, die aus den Datumsangaben bereitgestellt werden. Diese Anträge – die SAP spricht in diesem Fall auch von *aktiven Abfragen* – sind nach *Kategorien* sortiert:

- WORKFLOW AUFGABEN (Workitems und Benachrichtigungen aus SAP Office),
- ZEITMANAGEMENT (Genehmigungen zu CATS-Zeitrückmeldungen, Abwesenheiten und Zeitbuchungen),
- Listausgabe der GEBURTSTAGE UND JUBILÄUM,
- Daten aus dem Infotyp *0019*, TERMINVERFOLGUNG.

Bei diesen Abfragen handelt es sich um sogenannte *POWLs (personal object worklists)*. Diese Technik wird in verschiedenen MSS-Anwendungen verwendet.

Definition POWL

POWLs sind Übersichtslisten mit zu bearbeitenden Objekten. Jede Zeile repräsentiert einen Vorgang, für den wir eine Bearbeitung auswählen können.

Wir wollen das anhand des Beispielvorgangs »Abwesenheitsantrag eines Mitarbeiters« betrachten. Hierfür können wir als Bearbeitung die *Genehmigung* oder *Ablehnung* auswählen, vgl. Abbildung 3.20.

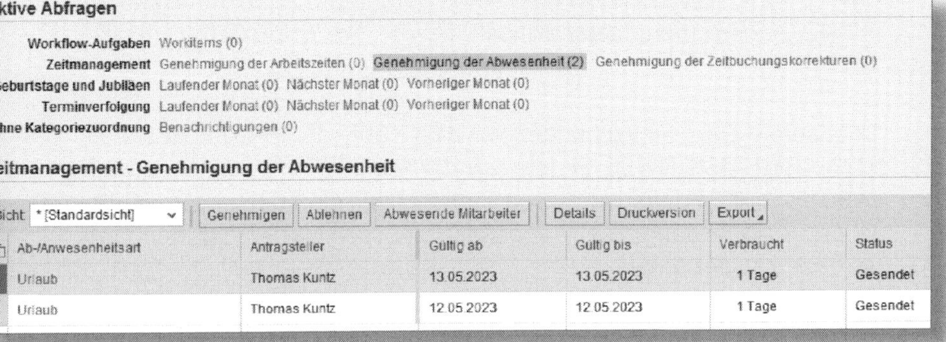

Abbildung 3.20: Arbeitsvorrat

Zu jeder **Zeile** existiert eine Detailansicht mit weitergehenden Informationen, die für die Bearbeitung relevant sind. Da die notwendigen Informationen und Bearbeitungsmöglichkeiten von Vorgang zu Vorgang verschieden sind, muss zu jedem Vorgang eine eigene POWL definiert werden.

Die **Spalten** einer POWL enthalten die wichtigsten Angaben zu den Business-Objekten. Sie können vom Benutzer ähnlich einer *ALV-Liste* personalisiert, aber auch systemweit für alle Benutzer angepasst werden, worauf wir in »Anpassung der Spalten einer POWL« noch eingehen werden.

Wir wollen uns zunächst darauf beschränken, zu verstehen, wie die POWLs zu den Zeitwirtschaftsprozessen funktionieren, sowie – und das als Erstes – die Ansicht um nicht benötigte Abfragen bereinigen.

POWL-Abfragen entfernen

Sie können vorhandene aktive Abfragen einfach herausnehmen: auf Basis der PFCG-Rolle oder individuell pro Benutzer.

Die Konfiguration zum Entfernen oder Ändern von Einträgen aus dem Arbeitsvorrat findet sich unter PERSÖNLICHER ARBEITSVORRAT • COCKPIT

FÜR POWL ADMINISTRATION oder direkt durch Aufruf der Transaktionen *POWL_QUERYU* (benutzerspezifisch) bzw. *POWL_QUERYR* (rollenspezifisch).

In unserem Beispiel verwenden wir eine Kopie der PFCG-Rolle »SAP_MANAGER_MSS_NWBC_2«. Sie ruft die Anwendung *MANAGER_MSS_INBOX_2* auf, sodass wir diesen Eintrag über die Transaktion *POWL_QUERYR* (Abbildung 3.21) anpassen müssen, um nicht benötigte Abfragen zu entfernen.

Sicht "Sicht: Zuordnung Abfrage - Rolle" ändern: Übersicht

Neue Einträge Prüfen

Sicht: Zuordnung Abfrage - Rolle

Anwendung	Rolle	Abfrage-ID	Aktiv.	Ka...	Abfr..
MANAGER_MSS_INBOX		MSS_POWL_CATS_APPROVAL_1	☐	3	3
MANAGER_MSS_INBOX		MSS_POWL_CICO_APPROVAL	☑	5	5
MANAGER_MSS_INBOX		MSS_POWL_LEA_APPROVAL	☑	4	4
MANAGER_MSS_INBOX_2		MANAGER_MSS_INBOX_NOTIF_QUE...	☑	1	1
MANAGER_MSS_INBOX_2		MANAGER_MSS_INBOX_WI_QUERY	☑	2	2
MANAGER_MSS_INBOX_2		MSS_POWL_CATS_APPROVAL_1	☑	3	3
MANAGER_MSS_INBOX_2		MSS_POWL_CICO_APPROVAL	☑	5	5
MANAGER_MSS_INBOX_2		MSS_POWL_LEA_APPROVAL	☑	4	4
MANAGER_MSS_INBOX_2		MSS_POWL_REM_OF_DATES_CM_BA	☑	6	1
MANAGER_MSS_INBOX_2		MSS_POWL_REM_OF_DATES_CM_T	☑	7	1
MANAGER_MSS_INBOX_2		MSS_POWL_REM_OF_DATES_NM_BA	☑	6	2
MANAGER_MSS_INBOX_2		MSS_POWL_REM_OF_DATES_NM_T	☑	7	2
MANAGER_MSS_INBOX_2		MSS_POWL_REM_OF_DATES_PM_BA	☑	6	3
MANAGER_MSS_INBOX_2		MSS_POWL_REM_OF_DATES_PM_T	☑	7	3

Abbildung 3.21: Zuordnung Typ-Rolle-Anwendung

POWL-Abfrageparameter ändern

Zur Anpassung der Abfragen müssen wir uns die Zusammenhänge zwischen den einzelnen Customizingobjekten anschauen. Der ANWENDUNG *MANAGER_MSS_INBOX_2* sind diverse ABFRAGE-IDs zugeordnet.

Die *Abfrage-ID* ist einer Kategorie zugeordnet, welche die angezeigte Beschreibung enthält. Die Pflege erfolgt über die Transaktion *POWL_CAT*. Wir belassen die Einträge, wie sie sind, und wenden uns stattdessen den Selektionsbedingungen der drei Abfrage-IDs unserer Beispielkategorie »Geburtstags- und Jubiläumsliste« zu.

Abfrage-IDs der Geburtstags- und Jubiläumsliste

aktueller Monat: MSS_POWL_REM_OF_DATES_CM_BA

Vormonat: MSS_POWL_REM_OF_DATES_PM_BA

Folgemonat: MSS_POWL_REM_OF_DATES_NM_BA

Diese Selektionsbedingungen bzw. *Abfrageparameter* lassen sich über die Transaktion *POWL_QUERY* anpassen. Dazu positionieren Sie den Cursor auf die Abfrage-ID *MSS_POWL_REM_OF_DATES_CM_BA*, wählen die DETAILANSICHT und dann ABFRAGEPARAMETER, wie in Abbildung 3.22 dargestellt.

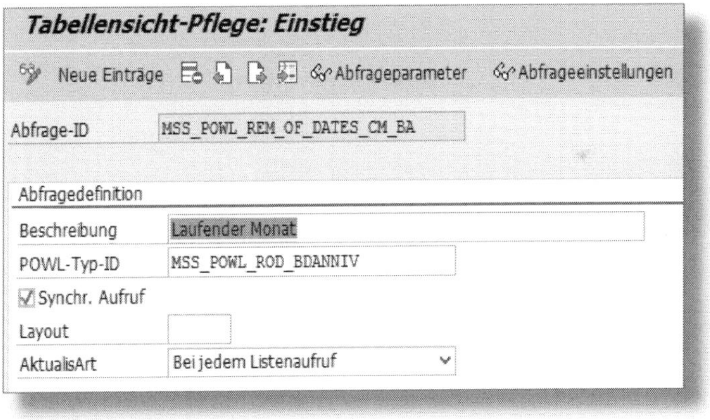

Tabellensicht-Pflege: Einstieg
Neue Einträge
Abfrageparameter
Abfrageeinstellungen
Abfrage-ID MSS_POWL_REM_OF_DATES_CM_BA
Abfragedefinition
Beschreibung Laufender Monat
POWL-Typ-ID MSS_POWL_ROD_BDANNIV
Synchr. Aufruf
Layout
AktualisArt Bei jedem Listenaufruf

Abbildung 3.22: Detailansicht Abfrage-ID

Nun können Sie die Geburtstags- und Jubiläumsliste konfigurieren (Abbildung 3.23).

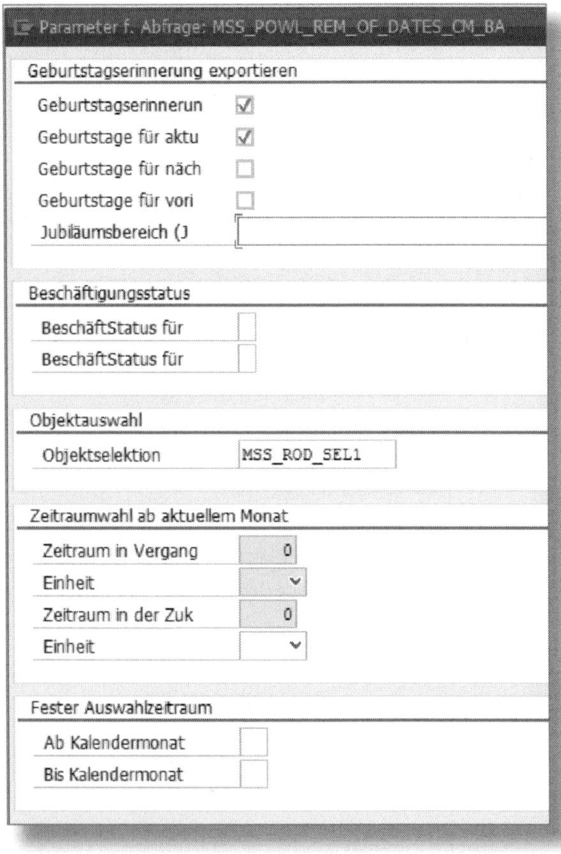

Parameter f. Abfrage: MSS_POWL_REM_OF_DATES_CM_BA

Geburtstagserinnerung exportieren

Geburtstagserinnerun ☑
Geburtstage für aktu ☑
Geburtstage für näch ☐
Geburtstage für vori ☐
Jubiläumsbereich (J

Beschäftigungsstatus

BeschäftStatus für
BeschäftStatus für

Objektauswahl

Objektselektion MSS_ROD_SEL1

Zeitraumwahl ab aktuellem Monat

Zeitraum in Vergang 0
Einheit
Zeitraum in der Zuk 0
Einheit

Fester Auswahlzeitraum

Ab Kalendermonat
Bis Kalendermonat

Abbildung 3.23: Abfrageparameter der Geburtstags- und Jubiläumsliste

So können Sie z. B. über den JUBILÄUMSBEREICH festlegen, dass Jubiläen nicht jährlich, sondern nur nach zehn, zwanzig und 25 Jahren angezeigt werden.

Wie Sie in Abbildung 3.23 sehen, wird in dieser Ansicht auch die OBJEKTSELEKTION festgelegt. Es wurde hier *MSS_ROD_SEL1* hinterlegt.

Aus dieser ergeben sich die in die Abfrage einzubeziehenden Mitarbeiter.

POWL-Terminerinnerung

Über die gleichen Objekte können Sie analog die POWLs zur Terminerinnerung (Abfrage-ID beispielsweise MSS_POWL_REM_OF_DATES_CM_T) anpassen.

Die anderen POWLs im Arbeitsvorrat zum GENEHMIGEN VON ABWESENHEITEN (Abfrage-ID MSS_POWL_LEA_APPROVAL) und zur GENEHMIGUNG DER ZEITBUCHUNGSKORREKTUREN (Abfrage-ID MSS_POWL_CICO_APPROVAL) bieten nicht die Möglichkeit, über das Customizing die Selektionsbedingungen zu ändern, sondern selektieren alle offenen Anträge.

Anpassung der Spalten einer POWL

In der Transaktion *POWL_QUERY* haben Sie darüber hinaus die Möglichkeit, das *Layout der Ausgabe* für alle Benutzer anzupassen.

Die Gestaltungsmöglichkeiten entsprechen jenen der ALV-Liste, d. h., Sie können

- Spalten ausblenden,
- die Sortierreihenfolge ändern,
- einen Filter setzen und
- die Darstellung der Zeilen anpassen.

Wir betätigen dazu den Button Layoutvariante und gelangen in den Administratormodus (Abbildung 3.24).

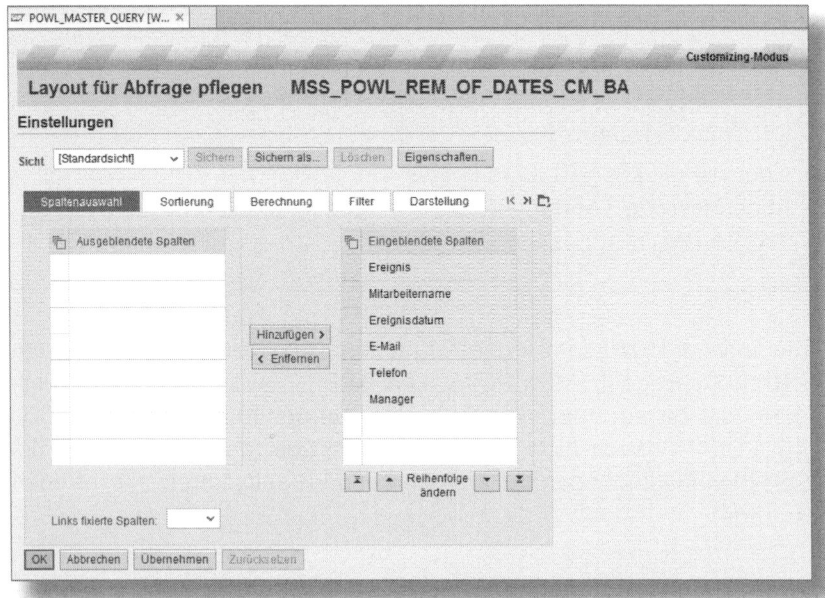

Abbildung 3.24: Layoutanpassung, Spalten einer POWL, Administratormodus

Sie können bestehende Sichten anpassen und neue definieren. Die gewünschten Layouts sind im Entwicklungssystem anzulegen und werden auf einen Transportauftrag gestellt.

Wie bereits erwähnt, kann der Benutzer seine eigenen *Layoutvarianten* anlegen. Es mag sinnvoll sein, diese Möglichkeit für den Benutzer einzuschränken, damit er nicht versehentlich wichtige Informationen ausblendet. Sie können dazu über den Button Berechtigungen in den Abfrageparametern (vgl. Abbildung 3.22, bei Gesamtansicht der View sichtbar) bestimmten Benutzern, Benutzergruppen oder Rollen diese Aktivität entziehen.

Zusätzlich gibt es das *Berechtigungsobjekt CA_POWL*, über das weitere Steuerungen vorgenommen werden können.

> **POWL-Puffer löschen**
>
> POWL-Queries werden ggf. im Cache gehalten, um die Performance zu verbessern. Deshalb sollten nach Änderungen die Reports *POWL_WLOAD* (»Aktive POWL-Abfragen aktualisieren«) und *POWL_D01* (»Abfragen aus Datenbank löschen«) gestartet werden. Diese Programme bereinigen den Cache, sodass danach die neuen POWLs angezeigt werden.

3.3.4 Teamseite im MSS

Den letzten Navigationspunkt unserer Rolle stellt die Teamseite dar. Diese enthält im Standard, wie in Abbildung 3.25 dargestellt,

- eine Anwesenheitsübersicht,
- den Teamkalender sowie
- Terminerinnerungen.

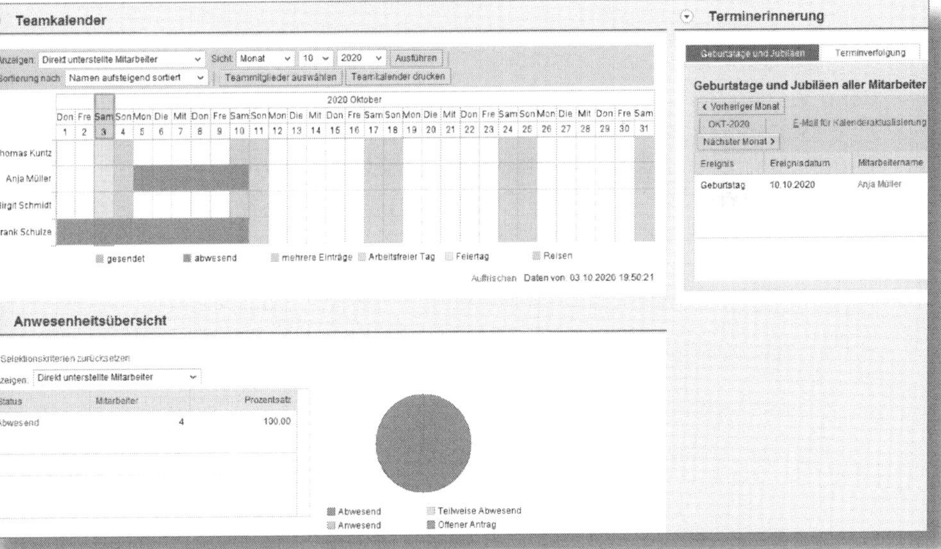

Abbildung 3.25: MSS-Teamsicht

Die Konfiguration zur Anzeige des Teamkalenders ist im MSS-CUSTOMIZING unter dem Punkt ARBEITSZEITEN • TEAMKALENDER/ANWESENHEITSÜBERSICHT zu finden. Es deckt sich mit den Konfigurationsschritten, die wir schon im ESS erläutert haben, und soll deshalb hier nicht noch mal aufgeführt werden.

Die Selektion der Geburtstage und Jubiläen ist identisch mit denen, die auch auf der MSS-Startseite zu finden sind. Zusätzlich werden noch Terminerinnerungen aus dem Infotyp *0019* angezeigt.

Wie bereits für die anderen Anwendungen auf der Startseite haben Sie auch hier die Möglichkeit, Kalendereinträge direkt aus der Anwendung via Mail zu verschicken. Diese hilfreiche Funktionalität steht inzwischen in einigen MSS-Anwendungen zur Verfügung. Bei Auswahl des Buttons oder Links verschickt das System direkt über die *SAP-Connect-Schnittstelle* eine Mail mit einem Standardtext an den Vorgesetzten.

Der Mailtext lässt sich zwar anpassen, leider aber nicht über Customizing, sondern nur über eine BAdI-Programmierung.

3.3.5 E-Mail-Texte, Kalendereinträge anpassen

Beim Versenden des Kalendereintrages verschickt das System direkt eine Mail mit einem iCAL-Anhang, Typ »ics«. Zur Anpassung der Einträge können wir das BAdI HRMSS_B_CALENDER_ENTRY verwenden, das unter MANAGER SELF-SERVICE (WEB DYNPRO ABAP) • EINSTELLUNGEN FÜR KALENDERAKTUALISIERUNG zu finden ist.

Es wird je nach Anwendung für folgende Funktionen durchlaufen:

- das Senden von Terminen,
- das Senden von Geburtstagsmails,
- das Senden von Jubiläumsmails.

Anpassbare Daten sind beispielweise

- Betreffzeile,
- Mailtext,
- Zeit/Ort,
- Export in eine Liste für Geburtstage und Jubiläen.

! Name des Mail-Attachements

Achten Sie darauf, dass Sie beim Implementieren des genannten BAdIs im Text des Attachments alle Sonderzeichen und Umlaute, wie etwa im Wort »Jubiläen«, entfernen, da diese von einigen Mailprogrammen nicht verarbeitet werden können.

3.3.6 Massengenehmigung

Mit EHP5 lieferte die SAP die Möglichkeit der Massengenehmigung von Anträgen aus, welche die Arbeit für den Manager erleichtert. Im Zuge dessen wurde die Ansicht technisch auf eine POWL umgestellt. Wir können also nun einfach mehrere Zeilen markieren (vgl. Abbildung 3.20) und diese direkt GENEHMIGEN oder ABLEHNEN. Anders als bei der Detailansicht, besteht allerdings so keine Möglichkeit, eine Notiz einzugeben.

3.3.7 Vertreter anlegen

Damit Anträge bei einer geplanten oder ungeplanten Abwesenheit des Genehmigers nicht unbearbeitet bleiben, kann der Manager über die Anwendung VERTRETUNGSREGELN VERWALTEN einen oder mehrere Vertreter benennen, die in diesem Fall Zugriff auf die Daten und Workflows bekommen. Die Vertreter sind dann in der Lage, in Vertretung des Managers sowohl Anträge zu bearbeiten als auch in der Ansicht »ESS on behalf« Daten für Mitarbeiter des zu Vertretenden zu erfassen.

Dafür hat die SAP mit dem EHP6 eine neue, bedienerfreundliche Oberfläche bereitgestellt, über welche dem Mitarbeiter sowohl seine Vertreter als auch die von ihm zu übernehmenden Aufgaben angezeigt werden.

Die Vertretungsregeln legen den Gültigkeitszeitraum der Vertretung fest, aber auch,

- wer der Vertreter ist,
- welche Arten von Aufgaben übertragen werden sollen und
- ob eine E-Mail-Benachrichtigung erfolgen soll.

Speicherung der Vertreter

Die über Vertretungsregeln angelegten Benutzer werden in der Tabelle *hrus_d2* gespeichert. So lässt sich schnell nachvollziehen, für welchen Benutzer Vertreter und mit welchen Regeln zugeordnet sind.

Das Customizing bietet dazu keine Anpassungsmöglichkeiten. Sollten weitere Funktionalitäten erforderlich sein, so kann die Erweiterungsimplementierung HRMSS_SUBSTITUTION_BADI_IMPL ausprogrammiert werden.

3.3.8 Zusammenfassung

Anders als bei der Anwendung für den Mitarbeiter, erfolgt das Customizing der MSS-Anwendung insbesondere über **Launchpads** (Einstiegsseiten und Navigation), **POWLs** (Listen) und **Objekt- und Datenprovider** (Auswertungen). Die Anpassung dieser Objekte haben wir dargestellt. Darüber hinaus hat die SAP für jede Anwendung Anpassungsmöglichkeiten innerhalb ihres Erweiterungskonzepts bereitgestellt.

3.4 »ESS on behalf«

Ab dem EHP6 bietet SAP die Möglichkeit, dass der Vorgesetzte Daten stellvertretend für seine Mitarbeiter erfasst. Als Szenarien wurden bisher

- Zeitwirtschaftsprozesse,
- persönliche Informationen und
- Reisekosten umgesetzt.

Des Weiteren können Manager über diese Anwendung administrative Prozesse starten sowie die *elektronische Personalakte* aufrufen. Alle Szenarien können über die Teamsicht oder das Mitarbeiterprofil (vgl. 3.4.5) aufgerufen werden. Zu jedem angezeigten Objekt gibt es ein Kontextmenü mit den zur Verfügung stehenden Funktionen (siehe Abbildung 3.26).

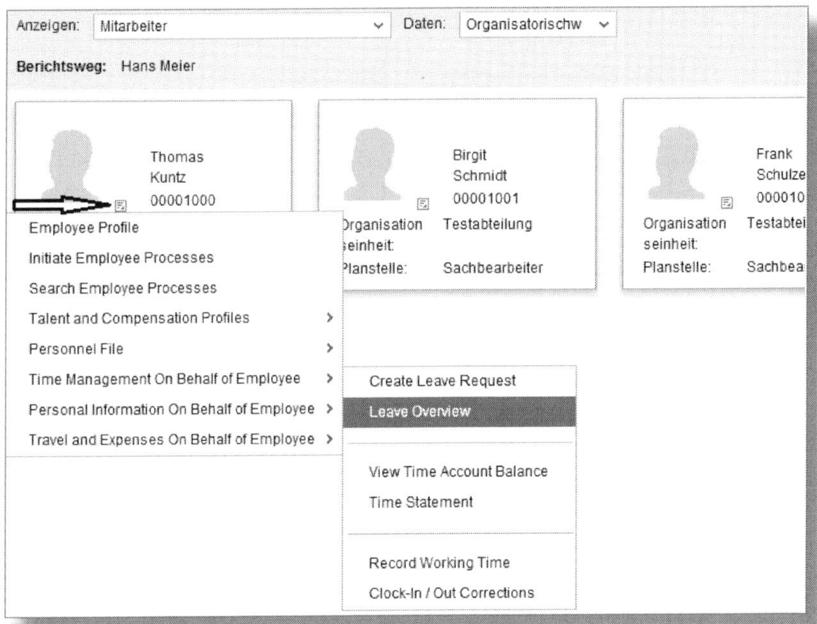

Abbildung 3.26: ESS on behalf

3.4.1 »ESS on behalf« zur dezentralen Zeitdatenerfassung

Die Anwendung »ESS on behalf« ist insbesondere für die Zeitwirtschaft sehr interessant, da dadurch dem Manager eine intuitiv zu bedienende Web-Oberfläche angeboten werden kann, durch die einfach und effizient Zeitdaten genau durch die Personen erfasst oder korrigiert werden können, denen diese Informationen zuerst vorliegen.

Wir wollen die Anwendung so weit verändern, dass ausschließlich Zeitwirtschaftsprozesse abgebildet werden, und erhalten dadurch nebenbei einen Einblick in die Konfiguration.

3.4.2 Grundlagen der Standardanwendung

Die Konfiguration der für den Manager verfügbaren Anwendungen erfolgt wieder über Launchpads. Für »ESS on behalf« müssen wir die folgenden Rollen/Instanzen betrachten:

- Für das Mitarbeitermenü in der Teamsicht: Launchpad-Rolle MSS/Instanz EMPLOYEE_MENU,
- Für das Organisationsmenü in der Teamsicht: Launchpad-Rolle MSS/Instanz ORGANIZATION_MENU,
- Für verwandte Themen im Mitarbeiterprofil: Launchpad-Rolle MSS/Instanz: RELATED_ACTIVITY.

3.4.3 Anpassung der Standard-Anwendung »ESS on behalf«

Zur Anpassung des Kontextmenüs rufen wir wieder die Transaktion *LPD_CUST* auf.

Wie bereits beschrieben, verschieben wir die nicht benötigten Anwendungen einfach in den Bereich *nicht aktive Anwendungen*. Alternativ können Sie auch das BAdI HRESS_MENU wie in Abschnitt 3.1.5 beschrieben ausprogrammieren und darüber Anwendungen herausfiltern sowie die Sichten auf die Daten (vgl. Abschnitt 3.3.2) einschränken.

3.4.4 Erfassung von Daten für Teammitglieder

Nachdem das Kontextmenü auf den Eintrag ZEITWIRTSCHAFT reduziert ist, stehen dem Vorgesetzten ausschließlich die ESS-Zeitwirtschaftsszenarien (vgl. Abschnitt 3.2) zur Verfügung.

Wählt der Manager *Abwesenheitsantrag anlegen*, so erhält er dieselbe Ansicht wie der Mitarbeiter. Er ruft damit dieselbe Anwendung auf, lediglich die Übergabeparameter enthalten zusätzlich die Personalnummer des Mitarbeiters, für den Daten erfasst werden sollen. Wir müssen also nicht weiter auf die Konfiguration der Oberfläche eingehen, denn das haben wir ja schon im Abschnitt 3.2 getan.

Entsprechendes gilt für die Funktion ZEITBUCHUNGSKORREKTUR, für die dieselben Systemeinstellungen gelten, die wir bereits für die Ansicht des Mitarbeiters vorgenommen haben.

3.4.5 Mitarbeiterprofil

Das Mitarbeiterprofil kann über das Kontextmenü zu jeder Personalnummer aufgerufen werden. Es zeigt im Standard Informationen aus der organisatorischen Zuordnung, aus dem Performance- und Vergütungsmanagement sowie Daten zu Abwesenheiten an. Sie haben die Möglichkeit, die Anzeige von Abwesenheiten und Gehaltsdaten im Customizing über MANAGER SELF-SERVICE (WEB DYNPRO ABAP) • PROFILANWENDUNGEN • EINSTELLUNGEN FÜR MITARBEITERPROFIL anzupassen.

Aus dem Mitarbeiterprofil kann der Manager in andere Anwendungen springen und z. B. Daten für den Mitarbeiter erfassen. Auch hier können Sie die Darstellung auf die für Sie relevanten Informationen reduzieren. Dazu müssen Sie das Launchpad MSS/RELATED_ACTIVITY anpassen.

3.4.6 Berechtigungen für MSS und ESS on behalf

Auch für die MSS-(WDA-)Anwendungen werden die Berechtigungen entsprechend des SAP-NetWeaver-Berechtigungskonzepts aufgrund von Berechtigungsrollen vergeben, die über die *Transaktion PFCG* (Verwaltung von Berechtigungsrollen) erstellt und den Benutzern über die Benutzerverwaltung zugewiesen werden.

Berechtigungsrollen für »ESS on behalf«

Für den Aufruf von MSS-Zeitwirtschaftsprozessen wird die Sammelrolle SAP_MANAGER_MSS_NWBC_2 ausgeliefert. Diese enthält die für die Zeitwirtschaftsprozesse relevanten Einzelrollen SAP_MANAGER_MSS_SR_NWBC und SAP_TIME_MGR_XX_ESS_WDA_1.

Die wichtigsten Berechtigungsobjekte in diesen Einzelrollen sind – ähnlich wie bei den Berechtigungen der ESS-Rolle – PLOG für die Zugriffe auf die Organisationsstruktur und P_ORGIN für die Basisinfotypen.

3.4.7 Zusammenfassung

Die Konfiguration für »ESS on behalf« ist also überschaubar. Die Grundlage sind allerdings immer eine funktionsfähige ESS- und MSS-Lösung, da »ESS on behalf« auf diesem Customizing aufsetzt.

3.5 HR Renewal

HR Renewal wurde konzipiert, um den Mitarbeitern in den Personalabteilungen eine webbasierte Oberfläche für die Standardprozesse der Personaladministration bereitzustellen. Darüber hinaus gibt es bereits eine große Zahl an Auswertungen, die über HR Renewal aufgerufen werden können. Somit ist diese Anwendung zwar nicht primär auf Zeitwirtschaftsprozesse ausgerichtet, dennoch wollen wir untersuchen, inwieweit wir unsere Prozesse über diese Oberfläche abbilden und dadurch für alle an den Prozessen der Zeitdatenerfassung Beteiligten konsequent moderne Oberflächen anbieten können.

3.5.1 Systemvoraussetzungen

Die Systemvoraussetzungen und die benötigte Infrastruktur können je nach Anforderungen unterschiedlich sein und deshalb an dieser Stelle nicht allgemeingültig beschrieben werden. Dennoch gibt es einige Punkte, die auf jeden Fall zu beachten sind:

- mindestens EHP6 notwendig, weitere Szenarien mit EHP7,
- mindestens Internet Explorer iE9,
- SAP NetWeaver Gateway aktivieren (SAP NETWEAVER • GATEWAY • ODATA CHANNEL • CONFIGURATION • CONNECTION SETTINGS • ACTIVATE OR DEACTIVATE SAP NETWEAVER GATEWAY),
- Business Functions »HCM, Personnel & Organization« aktivieren: abhängig vom Releasestand für EHP7 bis HCM_PAO_CI_4, ab EHP8 auch höhere (für detaillierte Informationen siehe SAP-Hinweis 1965692),
- ODATA-Service aktivieren.

3.5.2 Aufbau der Landing-Page

Nachdem die Basiskonfiguration für HR Renewal eingerichtet ist, erhält der Benutzer durch die SAP-Standardrolle SAP_PAO_HRPROFESSIONAL_4 die Einstiegsseite (beispielhaft in Abbildung 3.27).

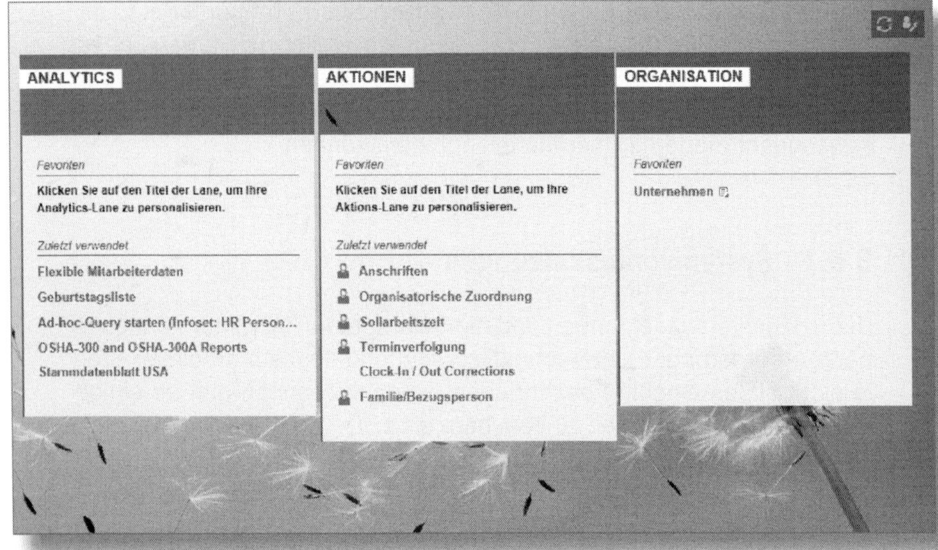

Abbildung 3.27: Einstiegsseite oder Landing-Page

HR Renewal basiert auf der *SAP-UI5-Technologie*. Es existieren damit völlig neue Objekte in der Benutzeroberfläche:

- Landing-Page,
- Lanes (Chips),
- Katalog,
- Launchpads.

Die Einstiegsseite bezeichnet die SAP auch als *Landing-Page*. Die einzelnen Kacheln, die die Anwendungen repräsentieren, sind sogenannte *Lanes*.

Der Aufbau der Landing-Page ergibt sich aus einer PFCG-Rolle, die im Menü den Eintrag LANDING-PAGE sowie eine KATALOG-ID hat (siehe Abbildung 3.28).

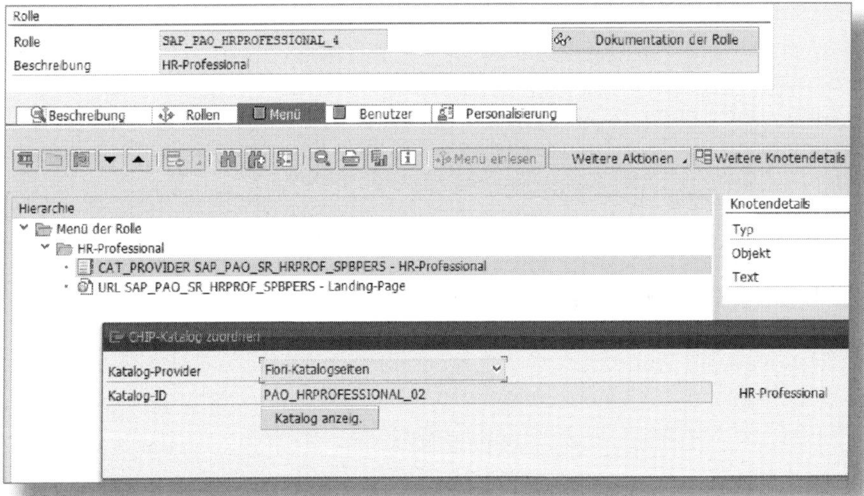

Abbildung 3.28: Katalog-ID in der PFCG-Rolle ändern

Die Katalog-ID bestimmt die insgesamt verfügbaren und die angezeigten Lanes sowie die vorhandenen *Hintergrundbilder*.

Unsere Beispielrolle *SAP_PAO_HRPROFESSIONAL_4* hat die KATALOG-ID *PAO_PROFESSIONAL_02*. Diese enthält die in Tabelle 3.5 dargestellten Lanes.

Lane	Rolle	Instance
Actions Lane	HRPAO	BASIC_ACTIONS
Analytics Lane	HRPAO	REPORTING
Discussion Lane	Anwendung verwendet kein Launchpad	
Organization Lane	HRPAO	BASIC_ACTIONS
Process Lane	Anwendung verwendet kein Launchpad	
Search Lane		
Tasks by draft Lane		
Tasks by priority Lane		
Task by time Lane		
Discussion Lane		

Tabelle 3.5: Übersicht Lanes der Landing-Page

Der Anwender kann aus diesen die für ihn relevanten Lanes auswählen sowie das gewünschte Hintergrundbild festlegen.

Einige der Lanes rufen wiederum Navigationsseiten auf, die über Launchpads definiert sind. Die verwendeten Launchpads können Sie der PFCG-Rolle unter PERSONALISIERUNG entnehmen.

3.5.3 Anpassung der Einstiegsseite

Wir wollen die Standardanwendung anpassen und eine SAP-UI5-Oberfläche speziell für einen Zeitbeauftragten erstellen. Dadurch erhalten wir einen Einblick in die Konfigurationsmöglichkeiten.

Das Customizing dazu finden Sie unter PERSONALMANAGEMENT • PERSONAL UND ORGANISATION.

Kopieren Sie als Erstes die Standardsammelrolle in den Kundennamensraum. Um dem Benutzer eine spezielle Auswahl an Lanes bereitstellen zu können, müssen Sie einen eigenen Katalog anlegen – und zwar nicht über das Customizing, sondern über den sogenannten *Suite Page Builder* (SPB).

Der Suite Page Builder ist eine Entwicklungsumgebung für UI5-Oberflächen. Dies hört sich sehr technisch an, die Oberfläche ist jedoch intuitiv zu bedienen und erfordert keinerlei Programmierkenntnisse. Der Aufruf erfolgt über die URL:

https://<server>:<port>//sap/bc/ui5_ui5/sap/arsrvc_spb_admn/main.html.

! Ablösung Suite Page Builder

Wie im SAP-Hinweis 3224337 beschrieben, werden der Suite Page Builder und die Landing Pages ab S/4HANA Release 2022 obsolet. Die Navigation wird dann über das SAP Fiori Launchpad konfiguriert.

Daraufhin sehen Sie die bereits verfügbaren *Chips (Lanes)* sowie die Kataloge.

Sie definieren eine neue Katalog-ID, indem Sie auf das »+«-Symbol klicken, den Katalog *Demo_Zeitbeauftragter* anlegen (siehe Abbildung 3.29) und aus den bestehenden Chips die relevanten auswählen.

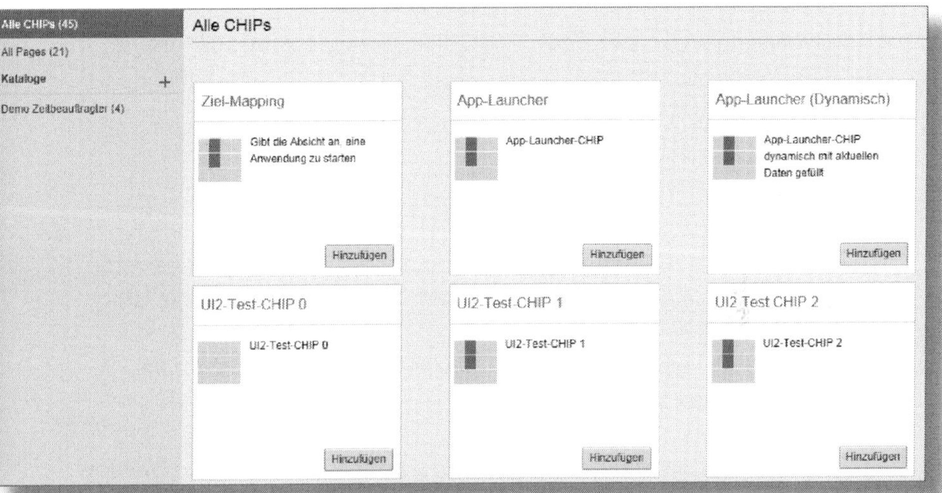

Abbildung 3.29: Ausschnitt Suite Page Builder

Für unseren Anwendungsfall sollen das sein:

- Aktionen,
- Organisation,
- Analytics,
- Launchpad-Aktionen.

Sie können den Chip-Titel bei Bedarf noch anpassen; dazu müssen Sie den Eintrag markieren und im rechten Bildschirmbereich unter CHIP-KONFIGURATION auf *Ändern* klicken.

Benutzerparameter anpassen

Damit die Änderungen auf einen Transport gestellt werden, müssen für unser Beispiel im Benutzerstamm noch die folgenden drei Benutzerparameter angelegt werden:

1. Parameter /UI2/WDC_DEVCLASS: Wert »Software Paket«,
2. Parameter /UI2/WD_TRKORR_CONF: Transportaufragsnummer für Workbenchobjekte,
3. Parameter /UI2/WD_TRKORR_CUST: Transportaufragsnummer für Customizingobjekte.

Soll der Benutzer zusätzliche Hintergrundbilder zur Auswahl erhalten, müssen Sie diese dem Katalog zuweisen, zuvor jedoch über die URL

https://<server>:<port>/sap/bc/ui5_ui5/sap/arsrvc_suite_pb/main.html?page=<PageId>&scope=CUST

in Ihr System laden: default-PageID = »SPB_LANDING_PAGE«. Danach können Sie diese Katalog-ID in die Sammelrolle eintragen, wie in Abbildung 3.28 dargestellt.

Der Benutzer bekäme nun die gerade angelegte Auswahl angezeigt. Damit haben Sie bereits eine neue Landing-Page angelegt und dem Benutzer zugewiesen. Als Nächstes sollten wir uns die einzelnen Lanes etwas genauer anschauen.

3.5.4 Anpassung der Aktionen-Lane

Die *Aktionen-Lane* funktioniert vom Prinzip wie die Transaktion *PA30* (Personalstammdaten pflegen). Mit ihr können zu einer Person Infotypen angezeigt und geändert werden. Dafür wird zuerst der Infotyp bestimmt und in der folgenden Ansicht die Personalnummer ausgewählt. Die Auswahl der Infotypen wird durch das *Launchpad Basic_Actions* festgelegt. Die Anpassung des Launchpads erfolgt wieder über die bereits in Abschnitt 3.1.5 beschriebene Transaktion *LPD_CUST*.

Es handelt sich um einzelne Web-Dynpro-Anwendungen, von denen wir die nicht benötigten in den Ordner *inaktive Anwendungen* verschieben.

In Bezug auf die Zeitwirtschaft stehen im SAP-Standard nur die Zeitwirtschaftsinfotypen *2001*, *2006* und *0007* zur Verfügung. Abbildung 3.30 stellt den Infotyp *0007* dar.

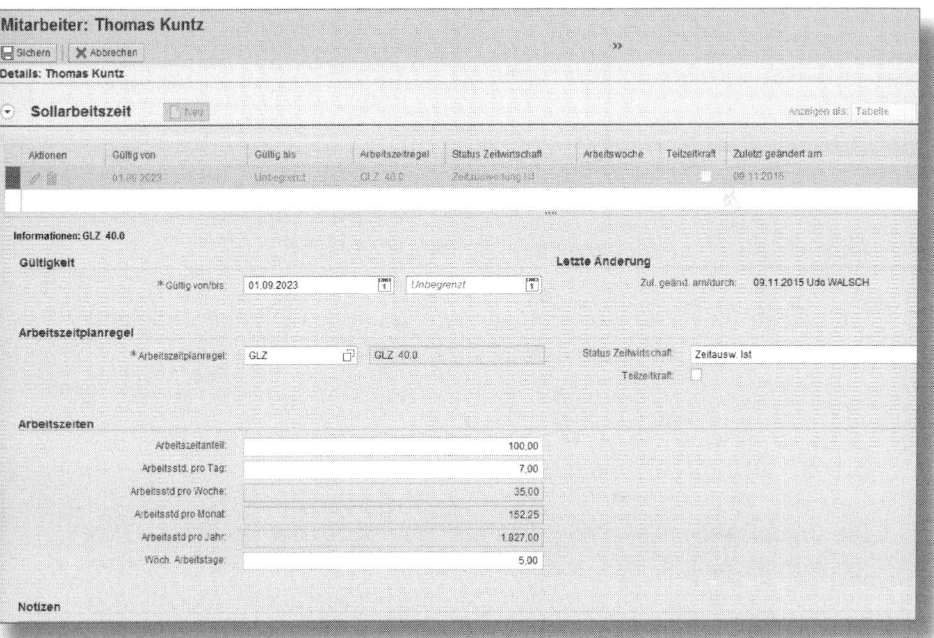

Abbildung 3.30: HR Renewal, Sollzeit ändern

Da die beiden Zeitwirtschaftsinfotypen im Standard nicht in der Sicht »Mitarbeitergrunddaten« enthalten sind, ergänzen Sie diese Einträge noch in Ihrem Launchpad. Anschließend wählen Sie die Detailansicht zu *Rolle HRPAO / Instanz BASIC_ACTIONS* und AUS ANDEREM LAUNCHPAD KOPIEREN. Dies wird in Abbildung 3.31 dargestellt.

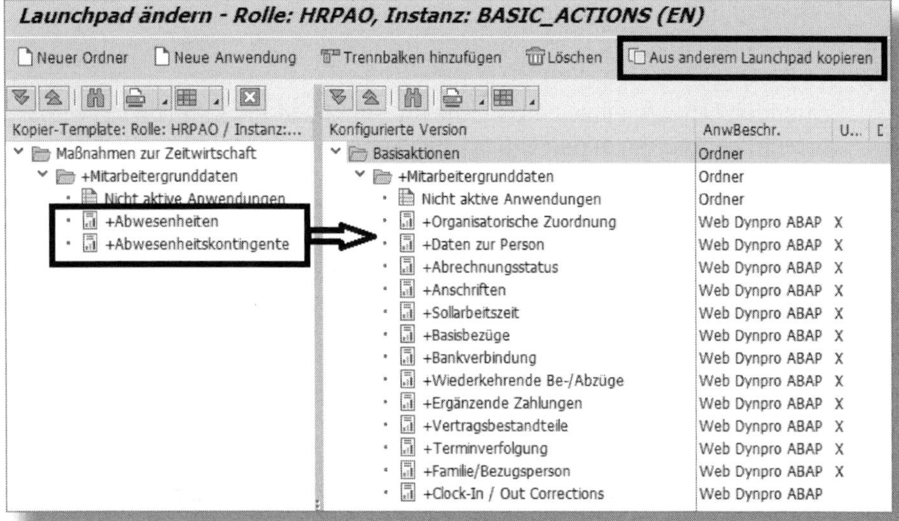

Abbildung 3.31: Launchpad Basic Actions ergänzen

Die beiden Anwendungen können Sie sodann einfach über Drag-and-drop in die Mitarbeitergrunddaten übernehmen.

3.5.5 Organisations-Lane

Die *Organisations-Lane* zeigt uns alle Mitarbeiter der jeweiligen Organisationseinheiten. Hier lassen sich, ähnlich wie bei der MSS-Anwendung, Aktionen zu den einzelnen Personen durchführen. Welche möglich sind, wird durch das Aktionen-Launchpad »Mitarbeitergrunddaten« definiert und ist damit auf die Optionen der Anwendung »hrpao_paom_masterdata«, d. h. die oben dargestellten Infotypen eingeschränkt.

Zusätzlich werden uns ein Kurzprofil sowie einige Infotypen angezeigt. Je nach ausgewähltem Objekt »Organisationseinheit«, »Planstelle« oder »Person« stellt das Kurzprofil unterschiedliche Informationen bereit. Diese Ansicht lässt sich im Customizing unter Personal & Organisation • Stammdatenanwendung anpassen.

Dazu müssen Sie die Einträge in den Kundennamensraum kopieren sowie in der Aktivität FELDAUSWAHL ERWEITERN • KUNDE: FPM-KONFIGURATION FÜR KURZPROFILE FESTLEGEN hinzufügen.

Die verfügbaren Felder finden Sie in der Aktivität KURZPROFILE • FELDER ZUM FELDAUSWAHLKATALOG HINZUFÜGEN. Sollten diese nicht ausreichen, so können Sie unter BADI: FELDER FÜR DIE DATENBESCHAFFUNG AUSWERTEN zusätzliche aufnehmen.

3.5.6 Analytics-Lane

Die *Analytics-Lane* stellt im Standard eine Auswahl von ABAP-Reports bereit. Die Auswahl ist bunt gemischt, und es ist sinnvoll, diese an die eigenen Bedürfnisse anzupassen. Tabelle 3.6 gibt Ihnen einen Überblick über für alle Länder hinterlegten Auswertungen.

Ordner	Anwendung	Beschreibung
Ad-hoc-Reporting	Ad-hoc-Query starten	Transaktion PAAH
Personalbestandsanalyse	Ist-Ergebnisse für Personalbestand	Web-Dynpro-Anwendung
Personalbestandsanalyse	Trendanalyse der letzten fünf Jahre	Web-Dynpro-Anwendung
Mitarbeiterdaten	Geburtstagsliste	Infoset Query BIRTHDAYLIST
Mitarbeiterdaten	Terminübersicht	Infoset Query DATE_MONITOR
Mitarbeiterdaten	Jubiläumsliste	Infoset Query JUBILEE_LIST
Mitarbeiterdaten	flexible Mitarbeiterdaten	Transaktion PAR1
Organisationsmanagement	existierende Organisationseinheiten	Transaktion RE_RHXEXI00
Organisationsmanagement	Stabsstellen für Organisationseinheiten	Transaktion RE_RHXSTAB0
Planstellen	existierende Planstellen	Transaktion RE_RHXEXI03
Planstellen	Stabsstellen für Planstellen	Transaktion RE_RHXSTAB1

Tabelle 3.6: Anwendungen der Analytics Lane/Launchpad Reporting

Die Detailansicht der Analytics Lane basiert wieder auf einem Launchpad, in diesem Fall ROLLE HRPAO / INSTANZ REPORTING. Zur Anpassung verschieben Sie alle nicht benötigten Reports in den Ordner INAKTIVE ANWENDUNGEN und nehmen Reporttransaktionen der Zeitwirtschaft in das Launchpad auf. Sinnvoll für die Zeitbeauftragten sind z. B. die *Fehlerliste* und die *Zeitauswertungsergebnisse*.

Für den Anwender sieht folglich die Oberfläche wie in Abbildung 3.32 aus.

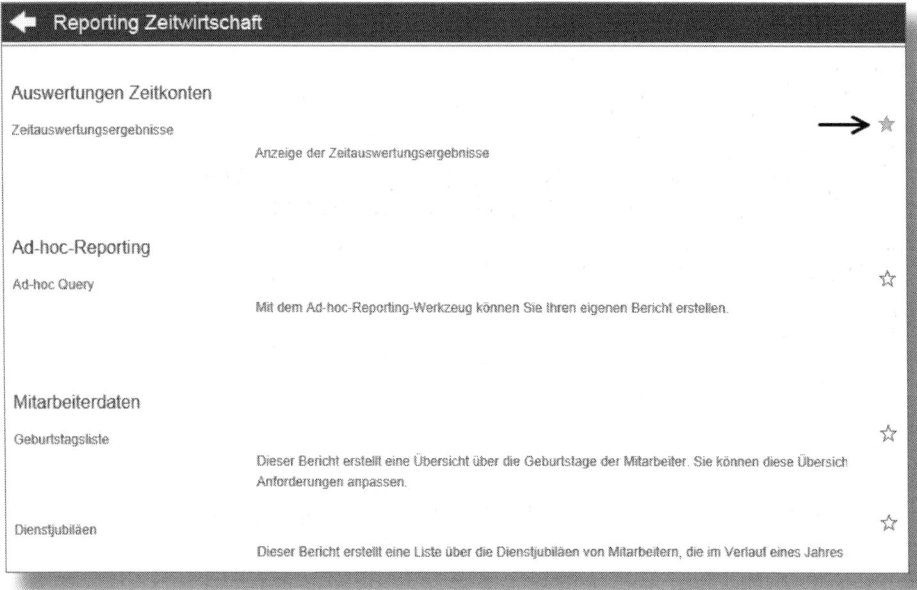

Abbildung 3.32: Ausschnitt Reporting Lane

In dieser Ansicht sehen Sie die Auswertung ZEITAUSWERTUNGSERGEBNISSE als Favorit markiert, wodurch dieser Eintrag beim nächsten Aufruf auf der Lane sichtbar wird und von da direkt aufgerufen werden kann. Abbildung 3.33 zeigt die Auswertung *RPTBAL00* im HR Renewal-Design.

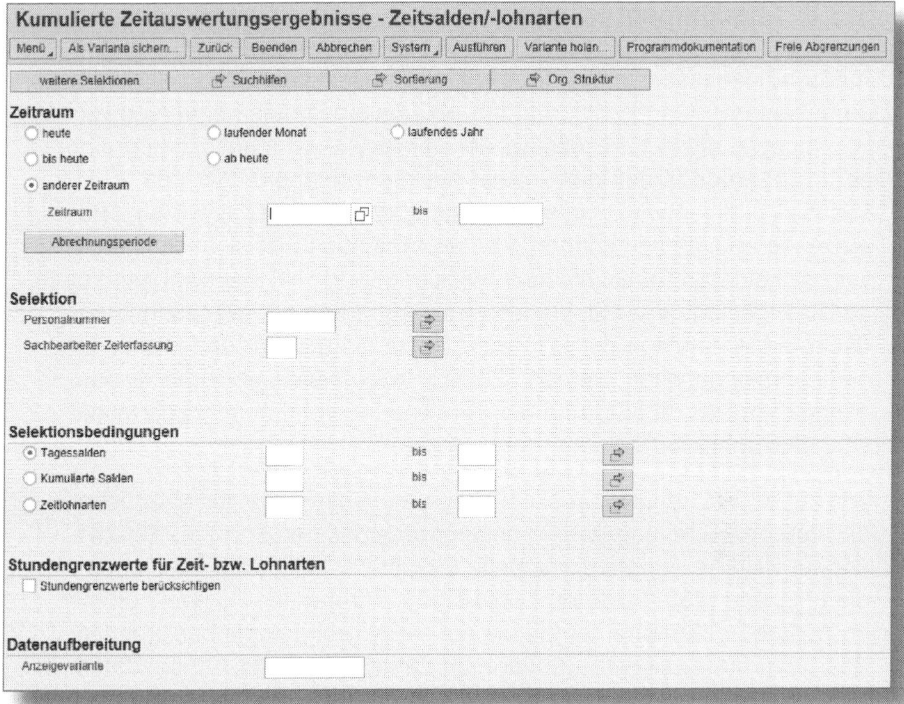

Abbildung 3.33: RPTBAL00 unter HR Renewal

Wie Sie sehen, kann die Reporting-Lane durch Aufnahme bestehender, HTML-fähiger Transaktionen leicht erweitert werden. Wie schon bei der Anpassung der Action-Lane, müssen Sie dazu nur das entsprechende Launchpad verändern.

3.5.7 Berechtigungen

HR Renewal stellt lediglich eine neue Sicht auf die HR-Daten dar. Um diese ansehen oder ändern zu können, sind die Berechtigungen wie bisher den Mitarbeitern der Personalabteilung oder den Zeitbeauftragten zuzuordnen. Die neue Sammelrolle SAP_PAO_HRPROFESSIONAL_4 übernimmt ausschließlich die Visualisierung.

3.5.8 Zusammenfassung

Aufgrund der zusätzlichen Infrastruktur und der speziellen Konfiguration muss kritisch analysiert werden, ob sich eine Implementierung von HR Renewal allein für Prozesse der Zeitwirtschaft lohnt. Zudem gibt es im Standard neben der Sollzeit nur die Infotypen *2001* und *2006*, sodass Zusatzentwicklungen notwendig sind, um alle Zeitwirtschaftsprozesse abbilden zu können. Zu berücksichtigen ist sicherlich, dass vorerst keine größeren Weiterentwicklungen für HR Renewal seitens der SAP geplant sind. Nichtsdestotrotz kann diese Anwendungsoberfläche auf Grundlage der UI5-Technologie als modern und intuitiv zu bedienen angesehen werden. Zudem lassen sich einfache Anpassungen am Design aufgrund der Verwendung von Launchpads relativ schnell vornehmen.

Wir haben HR Renewal ausschließlich als Oberfläche für Mitarbeiter der Personalabteilung bzw. in unserer angepassten Form als Oberfläche für Zeitbeauftragte dargestellt. Es gibt zusätzlich Oberflächen für die ESS- und MSS-Prozesse. Diese sind aufgrund der UI5-Technologie im Design noch moderner als die auf WDA-Technologie basierenden. Das gesamte Customizing und auch das Konzept der Antragsdatenbank, wie wir es in den vorangegangen Kapiteln beschrieben haben, sind für beide Technologien identisch. Aus diesem Grund, und da HR Renewal für ESS/MSS nicht so weit verbreitet ist wie die WDA-Anwendungen, werden wir es nicht weiter ausführen.

3.6 Zeitwirtschaftsprozesse mit SAP Fiori

SAP Fiori ist die nicht mehr ganz neue Benutzerschnittstelle (*user interface*), über die SAP seit 2013 ein einheitliches, modernes Design für häufig verwendete Anwendungen zur Verfügung stellt. Diese Benutzerschnittstelle ist aufgrund des verwendeten **SAPUI5** geräteunabhängig, läuft also gleichermaßen auf einem Desktop wie auch auf Tablets oder Smartphones.

Anwendungen, die auch auf einem Tablet oder Smartphone ablaufen sollen, müssen einfach gestaltet sein. Es dürfen nur die wichtigsten Informationen angezeigt werden, und die Dateneingabe muss auf wenige Felder beschränkt sein. Diesem Konzept folgen die SAP Fiori-Apps. Sie bestehen hauptsächlich aus einer *Ergebnisliste*, die gleichzeitig den *Navigationsbereich* darstellt und zu der Detailinformationen angezeigt werden können. Einen guten Überblick bietet die Demo-Cloud der SAP.

3.6.1 Verfügbare Prozesse

Mit dem Release SAP Fiori 1.0 wurden für Zeitwirtschaftsprozesse bereits die folgenden Apps ausgeliefert:

- **für den Mitarbeiter:** Abwesenheitsantrag, Teamübersicht und Zeitereignisse erfassen;
- **für den Manager:** Genehmigung von Anträgen.

Es handelt sich also hauptsächlich um Anwendungen für den Antrag und die Genehmigung, die ebenfalls bereits in den ESS/MSS-Szenarien enthalten sind.

Mit dem Release 2.0 sind weitere Anwendungen hinzugekommen, z. B. zu Überstundenantrag (*My Overtime Request*) und ESS im Auftrag (*Leave Request on Behalf*). Eine komplette Liste der SAP Fiori-Apps finden Sie in der Reference Library unter *https://fioriappslibrary.hana.ondemand.com/sap/fix/externalViewer/*.

Die in den letzten Jahren erschienenen SAP Fiori-Apps wurden ausschließlich für die Zielgruppen Mitarbeiter und Manager entwickelt. Für Zeitbeauftragte sind momentan noch keine Apps verfügbar.

3.6.2 Benötigte Infrastruktur für SAP Fiori

Die Grundeinstellungen zu SAP Fiori können Sie über das Customizing unter SAP NETWEAVER • UI TECHNOLOGIES • SAP FIORI einrichten. Dort sind explizit die Voraussetzungen aufgeführt, insbesondere die Einrichtung des SAP NetWeaver Gateways. Die technischen Details zur Bereitstellung der Infrastruktur sind zu umfangreich, um sie an dieser Stelle zu erläutern. Deshalb beschränken wir uns auf einige wichtige Hinweise:

- Zur Einbindung mehrerer SAP-Systeme benötigen Sie einen zentralen Gateway Hub.
- Für mobile Anwendungen benötigen Sie die SAP Mobile Platform (SMP).
- SAP Fiori Analytics laufen nur auf SAP HANA.

Zusätzliche Optionen ergeben sich unter SAP Fiori Cloud. Der Gateway-Server (embedded oder Hub) wird ersetzt durch die SAP Business Technology Platform (BTP, ehemals SCP), die Kommunikation mit dem SAP HCM übernimmt der SAP Cloud Connector. Die Benutzer-Authentifizierung wird über einen angebundenen Identity Provider gelöst. Für weitergehende Informationen siehe https://www.sap.com/documents/2018/02/f0148939-f27c-0010-82c7-eda71af511fa.html.

3.6.3 Navigation über das Fiori Launchpad

Wie beim ESS oder HR Renewal ist auch der Einstieg in die Fiori-Apps ein Launchpad. Alle Apps, also die einzelnen Anwendungen, werden über *Kacheln* ähnlich dem neuen Windows-Design aufgerufen. Die Anwendungen können echte *Fiori-Apps* sein, aber auch als *Web-Dynpro-Seiten* oder *WebGUI-Transaktionen* sowie *URLs* aufgerufen werden, mit der Einschränkung, dass diese nicht auf allen Endgeräten laufen.

Abbildung 3.34 zeigt exemplarisch ein Fiori Launchpad mit Zeitwirtschaftsanwendungen für den Mitarbeiter.

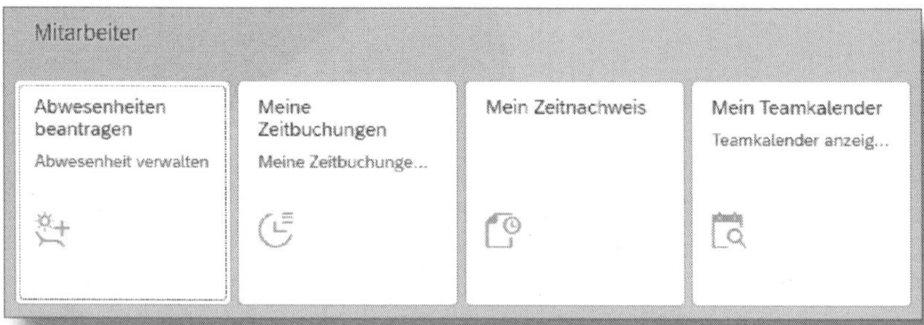

Abbildung 3.34: SAP Fiori Launchpad

Das Launchpad gibt eine Übersicht aller für den Benutzer verfügbaren Anwendungen und ist jeweils der Einstiegspunkt in die Anwendungen. Die verfügbaren Anwendungen ergeben sich aus der PFCG-Rolle des Mitarbeiters.

Das Schaubild in Abbildung 3.35 zeigt den Zusammenhang zwischen:

- Kacheln,
- Katalogen,
- Gruppen,
- PFCG-Rollen.

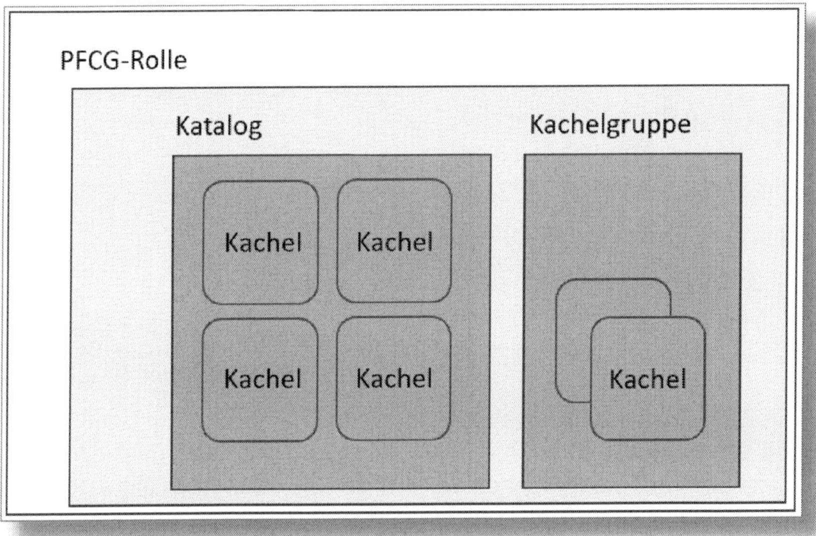

Abbildung 3.35: Definition Kacheln in PFCG-Rolle

Kacheln werden in Gruppen und Katalogen zusammengefasst. Abbildung 3.36 zeigt ein konkretes Beispiel dazu: In der PFCG-Rolle ist unter MENÜ ❶ der KACHELKATALOG ❷ SAP_HCMFAB_BC_EMPLOYEE_T ❸ hinterlegt. Soll der Benutzer Zugriff auf verschiedene Kataloge haben, kann das über zusätzliche PFCG-Rollen realisiert werden. Dadurch kann die Ansicht flexibel und wie Backend-Berechtigungen auch über die Rollenzuordnung umgesetzt werden.

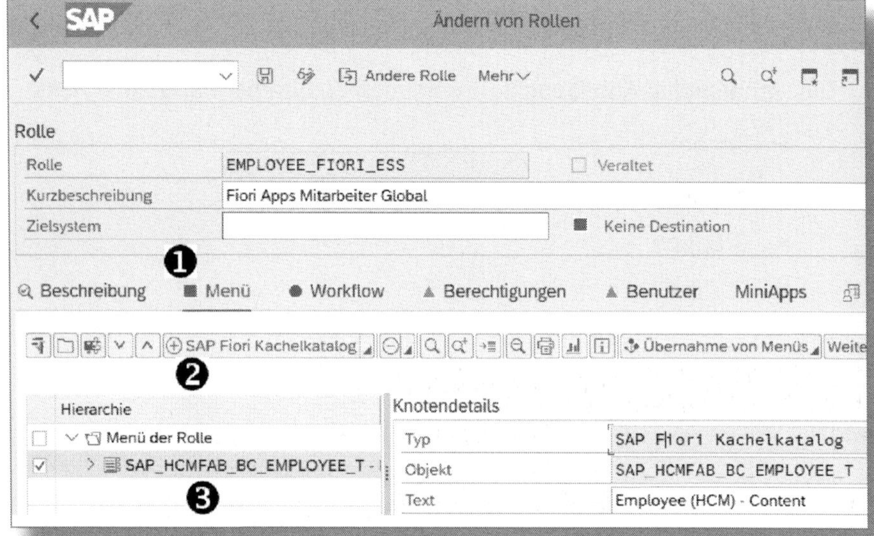

Abbildung 3.36: Fiori PFCG-Rolle

3.6.4 MyInbox ersetzt die POWL

Die *SAP Fiori MyInbox* ist eine zusätzliche Anwendung zur Bearbeitung von Workflowaufgaben. Im Gegensatz zu POWL oder dem SAP ERP Business Workplace können wir mit der MyInbox-App alle Arten von Workflowaufgaben (SAP- und Nicht-SAP-Aufgaben) sowohl auf Desktop-PCs als auch auf mobilen Endgeräten bearbeiten.

Die Standard-MyInbox (Deutsch: Mein Eingang) ist über die gleichnamige Kachel aufrufbar. Abbildung 3.37 veranschaulicht die Detailansicht.

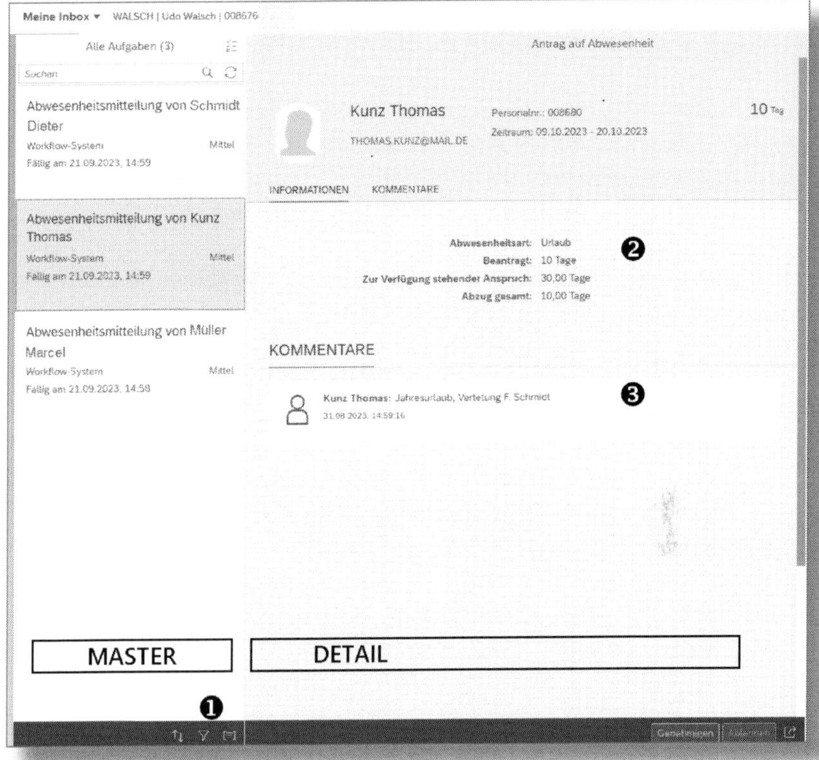

Abbildung 3.37: MyInbox Detailansicht

Die Anwendung ist in einem *Master-Detail-Layout* aufgebaut. Wir haben also links eine Liste mit allen Aufgaben und rechts die jeweils dazu passenden Detailinformationen. Die Aufgabenliste kann gefiltert ❶ werden nach:

- Priorität,
- Fällig am,
- Status,
- Angelegt am,
- Meine Aufgaben und Aufgaben in Vertretung von,
- Aufgabenart.

Auch eine Gruppierung beispielsweise nach Aufgabenart oder Status ist möglich, was die Übersicht zusätzlich erhöht.

Diese Aufteilung sichert eine gute Sichtbarkeit selbst auf mobilen Endgeräten, da jeweils vom Master- in den Detailbereich navigiert wird und dadurch immer nur wenige Informationen gleichzeitig auf dem Bildschirm dargestellt werden.

Im Detailbereich finden wir die für die Aufgaben spezifischen Informationen – für das Beispiel aus Abbildung 3.37 sind das die Abwesenheitsart ❷ und die zugehörigen Zeiten. Zusätzlich können Kommentare und Anlagen angezeigt werden ❸. Unten rechts entscheiden Sie, ob Sie einen Antrag genehmigen oder ablehnen.

Die Anwendung bietet außerdem die Möglichkeit der Massengenehmigung. Dazu können mehrere Aufgaben über ❸ markiert und die Entscheidungen mit einem Klick erledigt werden.

Mailbenachrichtigungen und Statusänderungen ergeben sich aus der Konfiguration des Workflows – wie bisher.

Die Konfiguration der MyInbox erfolgt nicht in Abhängigkeit von einer bestimmten Anwendung, sondern von einem Workflow bzw. einer Workflowaufgabe. Für die Verwendung der MyInbox für unsere Zeitwirtschaftsprozesse müssen wir den Workflow zu dem jeweiligen Prozess ermitteln (Beispiel siehe Abschnitt 3.2.2, Workflow zum Abwesenheitsantrag) und zu dem Workflow wiederum die Workflowaufgabe.

3.6.5 Fiori-App »Mein Teamkalender«

Die Fiori-App »Mein Teamkalender« bietet neben der Darstellung der Abwesenheiten auch die Möglichkeit, besondere Kalendereinträge wie Feiertage oder Geburtstage anzuzeigen. Damit ersetzt die App die Listen aus der POWL, siehe Abschnitt 3.3.3.

Der Teamkalender wird zusätzlich in der App »Abwesenheitsmitteilung« verwendet. Neben einer Übersicht aller Personen Ihres unmittelbaren Teams bzw. der eigenen Organisationseinheit können Sie auch andere Mitarbeiter wählen oder eigene Selektionen anlegen, um z. B. Projektmitarbeiter in einer Übersicht darzustellen. Mitarbeiter anderer Organisationseinheiten werden allerdings nur dann dargestellt, wenn sie zuvor zugestimmt haben.

Anpassungen des Teamkalenders

Wir haben die Möglichkeit, den Teamkalender über BADIs weiter anzupassen:

- HCMFAB_B_COMMON: Liste der Mitarbeiter, Darstellung der Fotos;
- HCMFAB_B_TEAMCALENDAR_SETTINGS: Anpassung des Teamkalender-Controls;
- HCMFAB_B_TEAMCALENDAR: Darstellung von Events;
- CL_HRESS_TEAM_CALENDAR_FC: Anzeige der Geburtstage ausblenden.

3.6.6 Fiori-Apps für »Abwesenheitsanträge« und »Zeitbuchungskorrekturen«

Zwei weitere Fiori-Apps der Zeitwirtschaft sind:

- Meine Abwesenheitsanträge,
- Meine Zeitbuchungen.

Beide werden über die in Abbildung 3.34 dargestellten Kacheln aufgerufen.

Sie haben sich im Vergleich zur jeweiligen WebDynpro-Anwendung nur im Design leicht verändert, wie das Beispiel für die Zeitdatenkorrekturen aus Abbildung 3.38 zeigt.

Abbildung 3.38: SAP Fiori-Zeiterfassung

Wie Sie an der Erfassungsmaske in Abbildung 3.39 sehen, gilt das ebenso für den Abwesenheitsantrag.

Abbildung 3.39: Abwesenheitsantrag in SAP Fiori

Das Customizing der Anwendung ist weiter unverändert und kann über die Transaktionen PTREQ bzw PTARQ für den Abwesenheitsantrag aufgerufen werden. Für Details hierzu siehe die Abschnitte 3.2.2 bzw. 3.2.3 für Zeitbuchungskorrekturen.

Mit Fiori 2.0 steht zusätzlich die Anwendung »Meine Überstunden« zur Verfügung. In dieser App können Mehrarbeitsanträge durch den Mitarbeiter gestellt werden. Dazu sind Informationen wie

- Datum,
- Uhrzeit,
- Anzahl Stunden und
- Mehrarbeitsverrechnungsart

zu erfassen. Das sind die gleichen Felder wie im Infotyp 2007 (vgl. Abbildung 2.13). Dort werden die Daten nach der Genehmigung gespeichert und stehen dann in der Zeitauswertung für die Berechnung der tatsächlichen Mehrarbeiten zur Verfügung. Eine gute Übersicht der Features und weitergehende technische Voraussetzungen beschreibt der SAP-Hinweis 3152326.

3.6.7 SAP Fiori on behalf

Seit SAP Fiori 2.0 können Manager Abwesenheitsanträge und auch Zeitbuchungskorrekturen für ihre Mitarbeiter anlegen. Die Vorgesetzten handeln dann »im Namen« ihrer Mitarbeiter. Eine Übersicht der insgesamt verfügbaren Services liefert der SAP-Hinweis 2806560.

Der Manager kann aus der Anwendung »Meine Abwesenheitsanträge« in den Modus »Im Auftrag von« wechseln und dann Abwesenheitsanträge für einen seiner Mitarbeiter anlegen. Dazu muss er zuerst den Mitarbeiter aus der Liste der Teammitglieder bzw. der Personen, für die er berechtigt ist, auswählen, indem er auf den Button klickt. Es öffnet sich ein Pop-up zur Personenselektion, wie in Abbildung 3.40 dargestellt.

Abbildung 3.40: Mitarbeiterauswahl für Abwesenheitsantrag im Auftrag von

Durch diese Möglichkeit kann der Prozess der Beantragung und Genehmigung von Abwesenheiten verkürzt werden, was insbesondere dann hilfreich ist, wenn der Mitarbeiter keinen Zugang zum ESS hat.

Für welche Mitarbeiter der Manager berechtigt ist, kann in dem Badi METHOD if_ex_hcmfab_common~get_onbehalf_employees definiert werden.

Die Anwendung unterscheidet sich im Layout und in der Funktionalität nicht vom Abwesenheitsantrag des Mitarbeiters. Es wird lediglich permanent ein sehr hilfreicher Hinweis eingeblendet, dass man im Auftrag einer anderen Person agiert.

3.6.8 Erweiterungsmöglichkeiten

Zur Erstellung eigener Fiori-Apps gibt es schon etwas länger die *SAP Web IDE und seit 2020 das SAP Business Application Studio*. Dies sind cloudbasierte Entwicklungsumgebungen, die durch spezielle Funktionen die Erstellung eigener APPs erleichtern sollen, wie u. a.

- Code Wizards, App-Templates,
- WYSIWYG layout editor,

- Vorschaumodus und
- Testdateneinbindung.

Obwohl die Entwicklungsumgebung gut gestaltet ist, muss man sich mit den einzelnen Funktionen vorab vertraut machen. Kenntnisse in der HTML5- und XML-Programmierung sind dabei von Vorteil.

3.6.9 Zusammenfassung

SAP Fiori bietet neben der intuitiv zu bedienenden Oberfläche den Vorteil, dass die Apps auf nahezu jedem Endgerät laufen. Leider gibt es nach wie vor nur eine geringe Zahl an verfügbaren Standard-Apps. Aufgrund der enormen Anstrengungen der SAP, die Entwicklung dieser Oberfläche voranzutreiben, wird sich dies sicherlich in den nächsten Jahren noch verbessern.

3.7 Time Manager's Workplace

Mit dem TMW hat die SAP eine Oberfläche für die Rolle des Zeitbeauftragten geschaffen, die wichtige Zeitwirtschaftsdaten der Mitarbeiter für einen ausgewählten Zeitraum übersichtlich darstellt. Es kann aus zwei verschiedenen Sichten gewählt werden, die für die jeweilige Aufgabe am geeignetsten sind.

3.7.1 Die Oberfläche

Die Oberfläche des TMW haben wir bereits in Abschnitt 2.2.3 kurz erläutert. Zum Verständnis der Gestaltungsmöglichkeiten der Oberfläche ist es wichtig, dass wir uns nochmals den Aufbau des TMW aus mehreren Bildbereichen in Erinnerung rufen. Neben der Menüleiste sind dies in Abbildung 2.16:

❷ Zeitraumauswahl,

❸ Mitarbeiterliste,

❹ Infobereich,

❺ Zeitangabenerfassung,

❻ Detailangaben,

❼ Dialogmeldungen.

Die angezeigten Bildbereiche und die Eingabemöglichkeiten werden in einem *Profil* zusammengefasst und den Benutzern zugeordnet. Im Einzelnen bestimmt das Profil:

- den Einstiegszeitraum,
- die Objekte, die in den Bildbereichen des TMW gefüllt werden sollen,
- welche Auswahlmöglichkeiten dem Zeitbeauftragten im Bereich der Mitarbeiterselektion zur Verfügung stehen,
- ob der Zeitbeauftragte die Kurzbezeichnungen einer oder mehrerer Teilmengen seines Definitionsbereichs verwenden darf,
- Mitarbeiterlisten,
- Mitarbeiterinformationen,
- Sichten zur Zeitangabenerfassung (Eintages-, Mehrtages-, Mehrpersonensicht),
- Detailbilder zu den Zeitangaben,
- Berechtigungen.

Zu allen Sichten beider Aufgaben müssen zunächst die *Menüfunktionen* (technisch MEN) festgelegt werden, d. h. welche der Funktionen Stammdatenanzeige und Zeitnachweisformular, Zeitauswertung, Mitarb. temp. Hinzufügen verfügbar sind. Die Menüfunktionen für die Funktion Zeitangaben verwalten werden beispielhaft in Abbildung 2.16 unter ❶ dargestellt.

3.7.2 Benutzerbezogene Profilsteuerung

Die Zuordnung eines Profils zu einem Benutzer kann auf zwei Arten erfolgen:

1. indem Sie eine *Parametertransaktion* anlegen, die Sie in eine Rolle aufnehmen, oder
2. über den *Benutzerparameter* PT_TMW_PROFILE.

Ist einem Benutzer das Profil weder über seine Rolle noch über den Benutzerparameter zugeordnet, muss er beim Starten des PTMW in einem Dialogfenster ein Profil auswählen, wie Abbildung 3.41 zeigt.

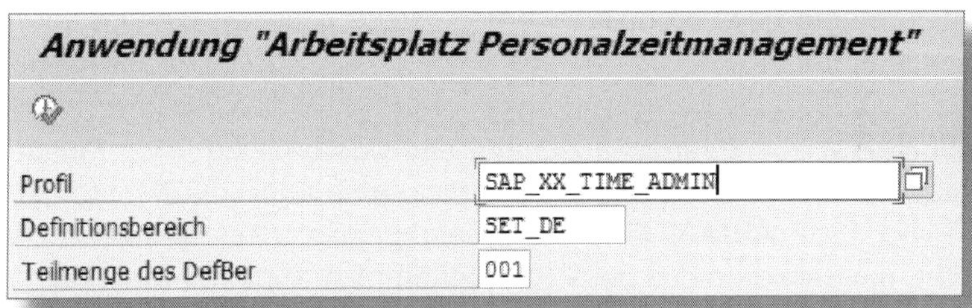

Abbildung 3.41: Profilzuordnung per Dialog

Das Profil, welches er auswählt, trägt das System in die Benutzerparameter ein und ist nun für die Zukunft fest hinterlegt. Der Benutzer kann die Profilzuordnung jederzeit wieder ändern.

Wenn einem Benutzer ein Profil sowohl über eine Rolle als auch über den Benutzerparameter zugeordnet ist, übersteuern die Angaben der Rolle die des Benutzerparameters.

3.7.3 Mitarbeiterselektion

Welche Mitarbeiterselektion und Möglichkeiten für deren interaktive Gestaltung dem Anwender zur Verfügung stehen, hängt vom jeweiligen Profil ab. Wir unterscheiden:

- benutzerübergreifende Selektionen,
- benutzerspezifische Selektionen,
- Selektionskriterien gemäß einer Gruppe für interaktive Selektionen.

Benutzerübergreifende Selektionen

Über die Standardselektion legen Sie die Mitarbeiterlisten fest, die sich der Zeitbeauftragte anzeigen lassen kann, ohne dass er hierzu eine eigene Selektion definieren muss. Innerhalb der Standardselektion können dem Sachbearbeiter mehrere Mitarbeiterlisten (*Selektions-IDs*) angeboten werden, indem mehrere Selektions-IDs in einer Gruppe zusammengefasst bzw. gruppiert werden. Diese Gruppen werden dann in Profilen hinterlegt.

Betrachten wir zur Veranschaulichung das Customizing unter MITARBEITERSELEKTION • SELEKTIONS-IDS DEFINIEREN und dort den Mustereintrag TMW_TIME_ADMIN. Dieser verwendet, wie unter KOMBINATION definiert, die Selektion aus der Personaladministration. Im Menüpunkt TABELLE wird festgelegt, dass die Felder PERSONALSACHBEARBEITER ZEIT (*SACHZ*) und BESCHÄFTIGUNGSSTATUS (*STAT2*) relevant sind, wie in Abbildung 3.42 zu sehen.

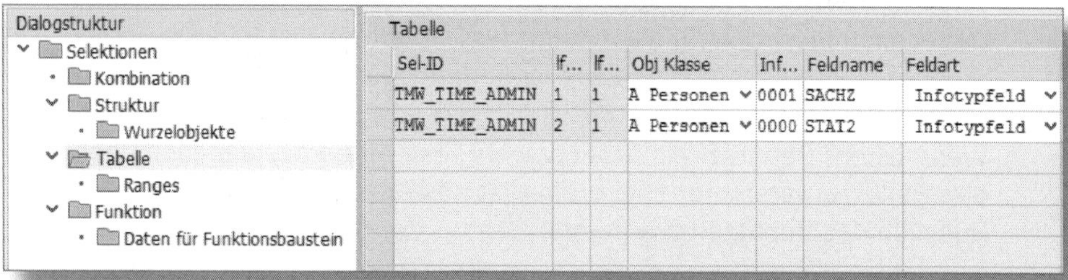

Dialogstruktur
- Selektionen
  - Kombination
  - Struktur
    - Wurzelobjekte
  - Tabelle
    - Ranges
  - Funktion
    - Daten für Funktionsbaustein

Tabelle

Sel-ID	lf...	lf...	Obj Klasse	Inf...	Feldname	Feldart
TMW_TIME_ADMIN	1	1	A Personen	0001	SACHZ	Infotypfeld
TMW_TIME_ADMIN	2	1	A Personen	0000	STAT2	Infotypfeld

Abbildung 3.42: TMW, Selektions-IDs

Zusätzlich könnten wir noch Feldwerte (*Ranges*) definieren, z. B. *Zeitsachbearbeiter 001*. Es würden dann alle Mitarbeiter selektiert, für die dieser Zeitsachbearbeiter im Infotyp *0001* hinterlegt ist.

Nachdem die Selektions-IDs festgelegt wurden, werden diese mit Gruppierungen versehen, siehe IMG-Pfad MITARBEITERSELEKTION • GRUPPIERUNGEN FESTLEGEN. In den Gruppen können Selektions-IDs als *benutzerspezifisch* oder *benutzerübergreifend* gekennzeichnet werden. Die benutzerspezifischen Selektions-IDs gelten nur für die jeweils eingetragenen Benutzer, die benutzerübergreifenden für alle.

Benutzerspezifische Selektions-IDs

Dem Personalsachbearbeiter Herrn Zeit sollen alle Mitarbeiter angezeigt werden, für die er zuständig ist, d. h., denen er im Infotyp *0001* als Sachbearbeiter »Zeit« (*SACHZ*) zugeordnet ist. Außerdem muss er die Zeitangaben für einige Aushilfen pflegen, die auf der Kostenstelle »AUSH« arbeiten.

Hierzu legen Sie die Selektions-IDs *SACH1* sowie *AUSH1* an. Beide Selektions-IDs ordnen Sie dem Benutzer »Zeit« zu und fassen sie in der Gruppe »SACHBEARB1« zusammen. Diese Gruppe tragen Sie im Profil unter BENUTZERSPEZIFISCHE SELEKTIONEN ein. Der Personalsachbearbeiter kann nun im Arbeitsplatz »Personalzeitmanagement« zwischen den beiden Mitarbeiterlisten (Selektions-IDs) *SACH1* und *AUSH1* wählen.

Die Sachbearbeiter müssen natürlich bei der Person im Infotyp *0001* sowie in der Tabelle *T526* (siehe Abbildung 3.43) hinterlegt sein.

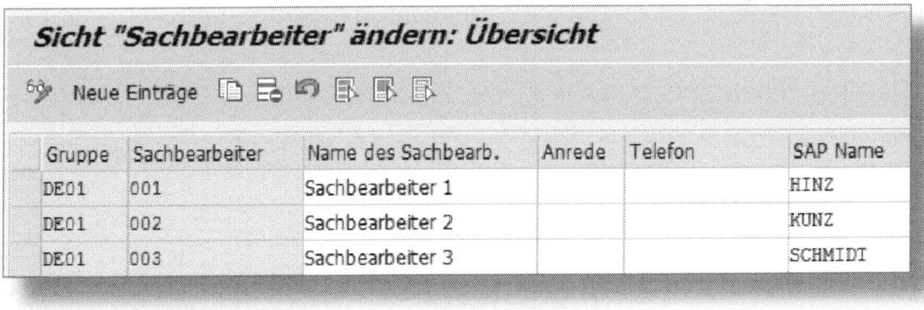

Sicht "Sachbearbeiter" ändern: Übersicht

Neue Einträge

Gruppe	Sachbearbeiter	Name des Sachbearb.	Anrede	Telefon	SAP Name
DE01	001	Sachbearbeiter 1			HINZ
DE01	002	Sachbearbeiter 2			KUNZ
DE01	003	Sachbearbeiter 3			SCHMIDT

Abbildung 3.43: T526, Sachbearbeiter ändern

Interaktive Selektion

Ein Zeitbeauftragter kann innerhalb des Arbeitsplatzes »Personalzeitmanagement« auch eigene Mitarbeiterselektionen definieren. Hierzu müssen Sie im Profil eine Gruppe für die *interaktive Selektion* hinterlegen, IMG-Pfad Mitarbeiterselektion • Mitarbeiterselektion den Profilen zuordnen.

Hier können Musterselektionen zur persönlichen Anpassung des Sachbearbeiters, Standard-Selektionen wie auch die individuelle Anlage einer Query in Form eines Infosets hinterlegt werden.

> **☛ Umfangreiche Mitarbeiterlisten**
>
> Sollte der Benutzer Mitarbeiterlisten anlegen, die eine große Anzahl an Personalnummern enthalten, kann dies die Performance des TMW negativ beeinflussen. Die SAP empfiehlt Mitarbeiterlisten von maximal dreißig Personalnummern. In der Realität ist der Bereich eines Zeitsachbearbeiters oftmals größer, sodass mehrere Listen angelegt werden müssen.

Abbildung 3.44 zeigt die Zuordnung der interaktiven Selektion *TMW_INTERACTIVE* zum Profil *SAP_XX_TIME_ADMIN*.

Die Abbildung veranschaulicht nebenbei, wie wir die Darstellung des Kalenders beeinflussen können. Diese ist hauptsächlich abhängig vom Profil, in dem der anzuzeigende Zeitraum festgelegt wird.

Darüber hinaus können Sie in der Aktivität Bildbereiche • Kalender auswählen wählen, ob Sie mit einem erweiterten Navigationsbereich – was wir empfehlen – arbeiten wollen.

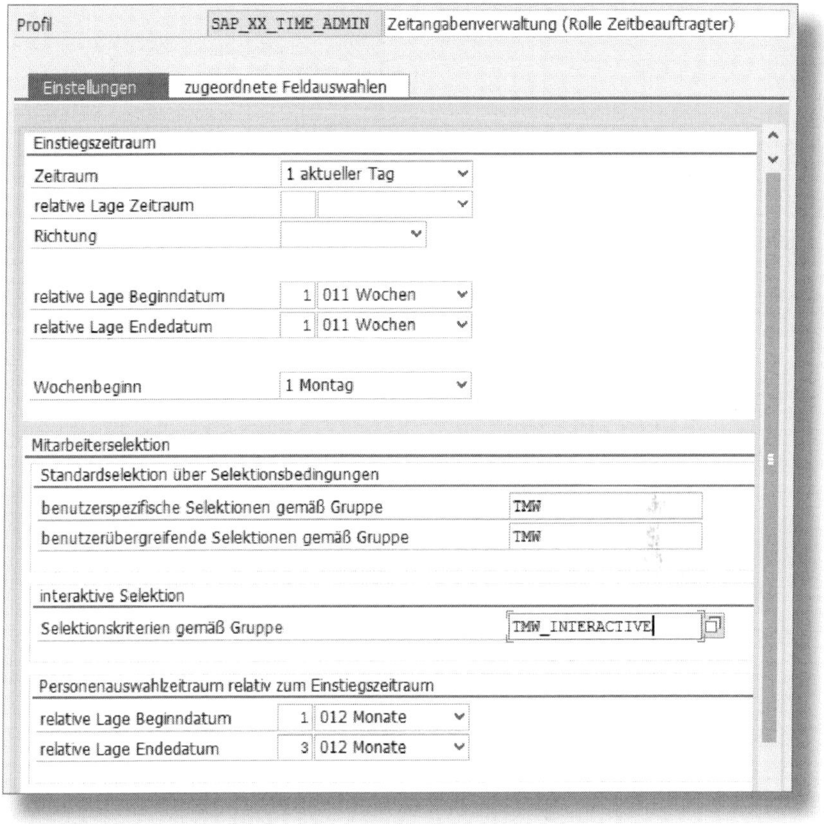

Abbildung 3.44: Mitarbeiterselektion dem Profil zuordnen

Spalten der Mitarbeiterliste

Sie können nicht nur die Auswahl der Mitarbeiter, sondern auch deren Darstellung in der Mitarbeiterliste, d. h. die anzuzeigenden Informationen pro Mitarbeiter konfigurieren, IMG-Pfad BILDBEREICH • MITARBEITERLISTE • DARSTELLUNG DER MITARBEITERLISTE FESTLEGEN. Es stehen uns insbesondere die Felder aus dem Infotyp *0001* zur Auswahl.

3.7.4 Mitarbeiterinformationen

Im Customizing unter GRUNDLAGEN können Sie die Darstellung von Mitarbeiterinformationen konfigurieren, IMG-Pfad: GRUNDLAGEN • BEREITSTELLEN VON INFORMATIONEN AUS STAMM- UND ZEITDATEN.

Bereitstellen von Informationen aus Stamm- und Zeitdaten

Die Anzeige STAMMDATEN UND ZEITDATEN (siehe Abbildung 3.45) ist in der Ansicht ZEITANGABEN VERWALTEN eingeblendet.

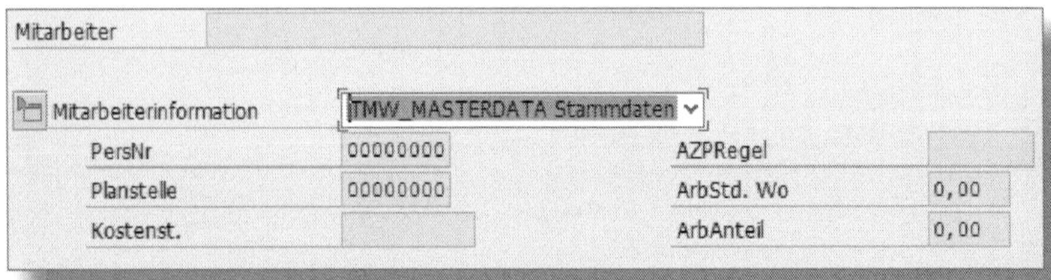

Abbildung 3.45: TMW-Infobereich, Mitarbeiterinformationen

Sie können in der Anzeige STAMMDATEN Informationen aus den Infotypen der Personaladministration und in der Sicht ZEITKONTEN Daten aus dem Infotyp *2006* sowie Personalzeiten aus der Tabelle *Saldo* der Zeitauswertungsergebnisse einblenden. Die Anzeige ZEITKONTEN umfasst Anzeigeobjekte, die entweder *Berichtskontingentarten* aus dem Infotyp *2006* oder *Berichtszeitarten* aus den Zeitauswertungsergebnissen repräsentieren.

☛ Nutzung von Berichtszeitarten in weiteren Anwendungen

Über das Merkmal *GRDWT* können zu denselben Berichtszeitarten unterschiedliche Informationen hinterlegt werden, in Abhängigkeit z. B. von der organisatorischen Zuordnung des Mitarbeiters. Dieses Merkmal sowie die Technik der Berichtszeiten können jedoch auch im Arbeitszeitblatt oder in Auswertungen des SAP BI zum Einsatz kommen, weshalb mögliche Auswirkungen auf andere Anwendungen geprüft werden sollten.

Nachdem wir die anzuzeigenden Informationen festgelegt haben, müssen wir noch das Layout definieren, und zwar unter dem IMG-Pfad BILDBEREICHE • MITARBEITERINFORMATIONEN • LAYOUTS FÜR MITARBEITERINFORMATIONEN FESTLEGEN. Wie Abbildung 3.46 veranschaulicht, lassen sich die Informationen in bis zu zwei Spalten darstellen, die Anzahl der Zeilen bestimmen sowie die Beschreibungstexte zu den Feldern definieren.

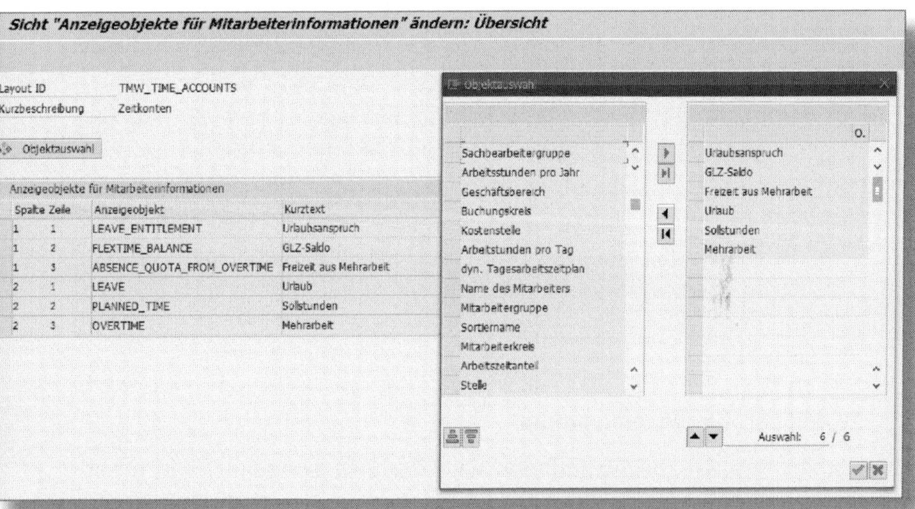

Abbildung 3.46: Anzeigeobjekte für Mitarbeiterinformationen

Unser Layout müssen wir danach natürlich noch dem Profil zuordnen.

Einrichten der Meldungsbearbeitung

In der Sicht MELDUNGEN BEARBEITEN werden im Infobereich die durch die Zeitauswertung erstellten Meldungen angezeigt. Sie können Meldungen zu *Meldungssachgebieten* zusammenfassen, wie in Abbildung 2.23 dargestellt und in Abschnitt 2.5.1 bereits erklärt.

3.7.5 Kurzbezeichnungen

Die *Kurzbezeichnungen* stehen für verschiedene Arten von Zeitangaben. Nahezu alle in den Abschnitten 2.1.1 und 2.1.2 beschriebenen Erfassungsoptionen können anhand von Kurzbezeichnungen abgebildet werden. Zuvor in Infotypen und Subtypen unterschiedene Zeitangaben werden nun also in einem *Erfassungsfeld* zusammengefasst.

Sperren von Personalnummern

Alle Pflegemaßnahmen, die im TMW durchgeführt werden, werden in den jeweiligen Zeitwirtschaftsinfotypen gespeichert. Zu beachten ist, dass der Aufruf einer Person im TMW deren Pflege über die Infotypen sperrt. Dies ist insbesondere bei der Pflege von mehreren Personen und bei der Verwendung der Teamsicht zu beachten, bei der immer das gesamte Team gesperrt wird. Aus diesem Grund bleibt die Teamsicht häufig ungenutzt.

Zweck der Kurzbezeichnungen

Mithilfe von Kurzbezeichnungen wird der Erfassungsaufwand erheblich reduziert. Anstatt z. B. zum Erfassen einer Krankheit den Infotyp *2001* (»Abwesenheiten«) mit dem Subtyp *0200* (»Krank«) zusätzlich zum Datum eingeben zu müssen, reicht es im TMW, beispielsweise nur ein »K« einzugeben, welches den Infotyp und den Subtyp beschreibt. Anstelle der technischen numerischen Kürzel, die z. B. in der Transaktion *PA61* vorliegen, können Sie im TMW auch sprechende Kurzbezeichnungen verwenden.

Vergabe der Kurzbezeichnungen

Richten sich Kurzbezeichnungen nach der Art der Daten, kann dies die Auswahl der korrekten Kurzbezeichnung erleichtern. So könnten beispielsweise alle Kurzbezeichnungen zu Abwesenheiten mit »A«, zu Anwesenheiten mit »P«, alle Vertretungen mit »S« usw. benannt werden. Damit ließe sich die Liste der Kurzbezeichnung entsprechend sortieren und die mögliche Auswahl übersichtlicher gestalten.

Für Kurzbezeichnungen gibt es im IMG unter ARBEITSPLATZ • PERSONALZEITMANAGEMENT einen eigenen Abschnitt.

Zweck des Definitionsbereichs

Um die Kurzbezeichnungen nicht unternehmensweit einheitlich festlegen zu müssen, werden sie in Teilmengen gruppiert, sodass je Unternehmensbereich entschieden werden kann, welche Kurzbezeichnungen verwendet werden. Das kann sehr hilfreich sein, da ja z. B. einige Abwesenheiten nicht in allen Unternehmensbereichen relevant sind oder bestimmte Zeitbeauftragte einige abrechnungsrelevante Abwesenheiten nicht erfassen dürfen. So setzen wir diese Abwesenheiten für die entsprechende Teilmenge des Zeitbeauftragten auf inaktiv, wodurch sie anschließend nicht mehr als Eingabemöglichkeit erscheinen. Abbildung 3.47 veranschaulicht die Möglichkeiten.

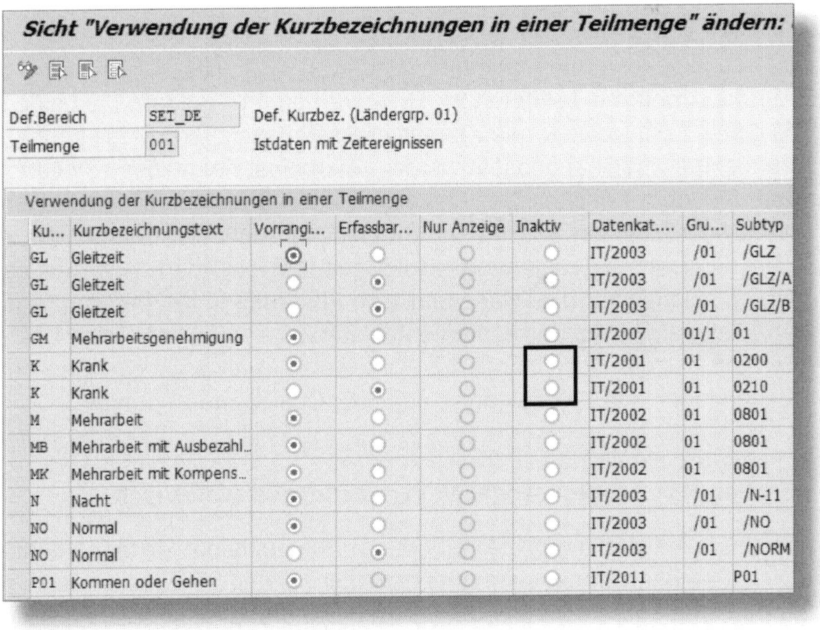

Sicht "Verwendung der Kurzbezeichnungen in einer Teilmenge" ändern:

Def.Bereich	SET_DE	Def. Kurzbez. (Ländergrp. 01)
Teilmenge	001	Istdaten mit Zeitereignissen

Verwendung der Kurzbezeichnungen in einer Teilmenge

Ku...	Kurzbezeichnungstext	Vorrangi...	Erfassbar...	Nur Anzeige	Inaktiv	Datenkat....	Gru...	Subtyp
GL	Gleitzeit	●	○	○	○	IT/2003	/01	/GLZ
GL	Gleitzeit	○	●	○	○	IT/2003	/01	/GLZ/A
GL	Gleitzeit	○	●	○	○	IT/2003	/01	/GLZ/B
GM	Mehrarbeitsgenehmigung	●	○	○	○	IT/2007	01/1	01
K	Krank	●	○	○	○	IT/2001	01	0200
K	Krank	○	●	○	○	IT/2001	01	0210
M	Mehrarbeit	●	○	○	○	IT/2002	01	0801
MB	Mehrarbeit mit Ausbezahl...	●	○	○	○	IT/2002	01	0801
MK	Mehrarbeit mit Kompens...	●	○	○	○	IT/2002	01	0801
N	Nacht	●	○	○	○	IT/2003	/01	/N-11
NO	Normal	●	○	○	○	IT/2003	/01	/NO
NO	Normal	○	●	○	○	IT/2003	/01	/NORM
P01	Kommen oder Gehen	●	○	○	○	IT/2011		P01

Abbildung 3.47: Customizing, Definitionsbereich und Teilmenge

Kurzbezeichnungen deaktivieren

Für alle Zeitbeauftragten, die den Definitionsbereich SET_DE mit der Teilmenge 001 verwenden, soll die Abwesenheit »Krankheit mit/ohne Attest« nicht erfassbar sein. Dann müssen wir beide Kurzbezeichnungen »K« in der Spalte INAKTIV markieren (siehe Abbildung 3.47).

Benutzerzuordnung

Die Zuordnung eines Benutzers zu einem Definitionsbereich sowie einer Teilmenge dieses Definitionsbereichs erfolgt über den Benutzerparameter PT_TMW_TDLANGU (vgl. Abbildung 3.41).

3.7.6 Varianten der Oberfläche

Für die Arbeit mit Zeitdaten im TMW werden im Standard die beiden Register ZEITANGABEN und ZEITEREIGNISSE ausgeliefert. Diese können kundenindividuell angepasst werden. Hierbei ist Folgendes zu beachten: Auf dem Register ZEITANGABEN werden Zeitdaten in Intervallen, der Dauer bzw. der paarweisen Darstellung angezeigt. Die Sicht auf dem Register ZEITEREIGNISSE erfolgt zeitpunktorientiert. Aus diesem Grund existiert für die Pflege und zum Absprung in die Detailanzeige von Zeitereignissen das separate Register ZEITEREIGNISSE. Beim Arbeiten mit der grafisch orientierten Kalendersicht ist es sogar möglich, Zeitangaben und Zeitereignisse auf einer Oberfläche zu pflegen.

Festlegen von tagesbezogenen Verarbeitungsanweisungen

In dieser Aktivität legen Sie fest, welche Ankreuzfelder Sie im »Arbeitsplatz Personalzeitmanagement« mit einer kundenindividuellen Bedeutung hinterlegen möchten. Dazu bilden Sie Gruppen, in denen jeweils bis zu sieben Verarbeitungsanweisungen bzw. Zeitumbuchungsvorgaben zusammengefasst sind. Eine Gruppe bildet jeweils den Satz von Verarbeitungsanweisungen, den Sie den Zeitbeauftragten pro Profil zur Verfügung stellen möchten.

Ankreuzfelder für tagesbezogene Verarbeitungsanweisungen

Sie möchten für ein Profil zwei Ankreuzfelder zur Verfügung stellen: eines für die nachträgliche Erteilung einer Mehrarbeitsgenehmigung und ein anderes zur Kennzeichnung, dass ein Tag abgearbeitet ist.

Dazu richten Sie zwei neue Zeitumbuchungsvorgaben ein und fügen diese zu einer Gruppe zusammen. Die Verarbeitung der Zeitumbuchungsvorgaben muss in der Zeitauswertung noch eingerichtet werden.

Detailinformationen konfigurieren

Über den Customizingpunkt BILDBEREICH DETAILANGABEN (siehe Abbildung 2.16, ❻) lässt sich die Oberfläche zum Detailbild anpassen. Sie können sowohl die Anzahl der Register als auch die verfügbaren Felder abhängig vom zugrunde liegenden Infotyp anpassen. Hier ist es sinnvoll, die Anzeige auf die notwendigen Felder zu reduzieren und damit die Eingabe für den Zeitbeauftragten zu erleichtern.

3.7.7 Berechtigungen

Die Berechtigungen im TMW werden nicht extra angelegt, sondern aus den Modulen PA/PT und OM übernommen. Wenn der Mitarbeiter also keine Berechtigung zum Pflegen von bestimmten Personen, Abwesenheiten oder Anwesenheiten hat, dann kann er dieses auch nicht im TMW. Anders sieht es im Bereich der Kürzel und Kurzbezeichnungen aus.

Für Kürzel bzw. Kurzbezeichnungen können Sie keine Berechtigungen vergeben. Das Kürzel dient der vereinfachten Eingabe von Daten und kann über die F4-Hilfe ausgewählt werden. Daraufhin erscheinen nur die Kürzel, die durch bestimmte Merkmale für den bearbeiteten Mitarbeiter (z. B. MOLGA) zulässig und damit sinnvoll sind. Die Berechtigungsprüfung erfolgt auf die eigentlichen Inhalte der Kürzel, das sind

Infotyp und Subtyp. Es existiert also kein zusätzliches Berechtigungskonzept für Kürzel.

3.8 Personaleinsatzplanung zur Erfassung von Zeitdaten

3.8.1 Kurzkonfiguration

Für die Konfiguration der PEP (siehe auch Abschnitt 2.2.5) sind insbesondere folgende Fragen zu beantworten:

- Welchen Planungszeitraum haben wir?
- Wie können wir das Team identifizieren?
- Wie sollen die Arbeitszeiten dargestellt werden?
- Welche Daten sollen vom Vorgesetzten erfasst werden dürfen?
- Welche Informationen sind zusätzlich für den Vorgesetzten wichtig?

Der Planungszeitraum ist immer monatlich; der Anwender kann in der Transaktion *PP61* im Einstiegsbild den jeweiligen Monat vorgeben. Die gewählten Werte werden auch in den *Benutzerparametern* abgelegt.

Auf dem Selektionsbild wählt der Anwender eine oder mehrere Organisationseinheiten aus. Das Profil bestimmt dann, wie die Mitarbeiter zu dieser Auswahl bestimmt werden.

Mitarbeiterselektion in der PEP

Wir nutzen als Profil den SAP-Standardeintrag SAP_000001 (IMG: Personalzeitwirtschaft • Personaleinsatzplanung • Profile für die Einsatzplanung festlegen). Dieses Profil verwendet den Auswertungsweg O–P, d. h. alle Mitarbeiter der Organisationseinheit. Das Profil wird als Benutzerparameter abgelegt.

Den ermittelten Mitarbeitern muss im Organisationsmanagement eine *Einsatzgruppe* zugeordnet sein. Dies erreichen wir, indem wir an der Organisationseinheit den Infotyp *Einsatzgruppe* anlegen. Der Infotyp verlangt neben den obligatorischen Eingaben zu BEGINN, ENDE und PLANSTATUS lediglich die Einsatzgruppe. Diese müssen wir zuvor im Customizing (PERSONALEINSATZPLANUNG • EINSATZGRUPPEN FESTLEGEN) definiert haben. Hier sind auch die Einsatzkürzel festlegbar.

Für eine Einsatzgruppe ist die Darstellung der Planung identisch, insbesondere sind die *Einsatzkürzel* gleich.

Einsatzkürzel dienen zur Darstellung des Tagesarbeitszeitplans oder der zugeordneten An-/Abwesenheiten des Tages. Aufgrund der Gestaltungsmöglichkeiten durch unterschiedliche Farben, Schriftarten und Erklärungstexte können wir die Tagespläne und Zeitdaten optisch übersichtlich präsentieren. Abbildung 3.48 zeigt das Customizing dazu.

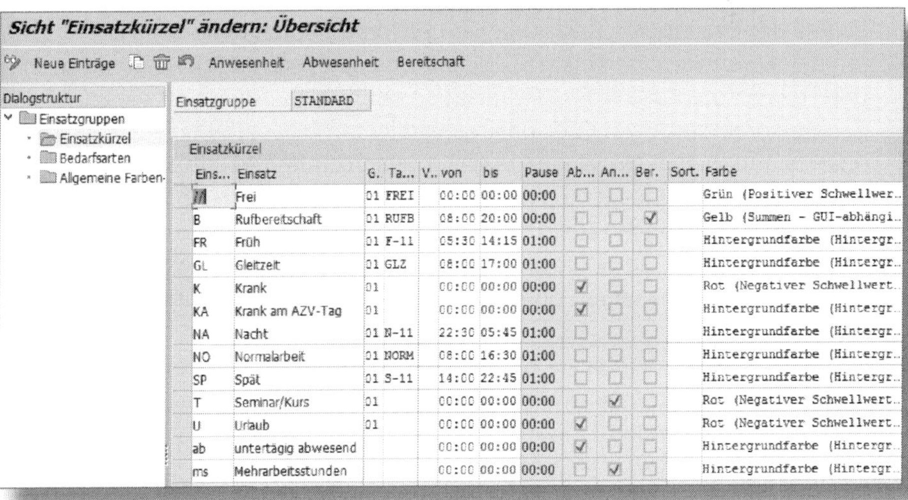

Eins...	Einsatz	G.	Ta...	V..	von	bis	Pause	Ab...	An...	Ber.	Sort.	Farbe
//	Frei	01	FREI		00:00	00:00	00:00					Grün (Positiver Schwellwer...
B	Rufbereitschaft	01	RUFB		08:00	20:00	00:00			✓		Gelb (Summen - GUI-abhängi...
FR	Früh	01	F-11		05:30	14:15	01:00					Hintergrundfarbe (Hintergr...
GL	Gleitzeit	01	GLZ		08:00	17:00	01:00					Hintergrundfarbe (Hintergr...
K	Krank	01			00:00	00:00	00:00	✓				Rot (Negativer Schwellwert...
KA	Krank am AZV-Tag	01			00:00	00:00	00:00	✓				Hintergrundfarbe (Hintergr...
NA	Nacht	01	N-11		22:30	05:45	01:00					Hintergrundfarbe (Hintergr...
NO	Normalarbeit	01	NORM		08:00	16:30	01:00					Hintergrundfarbe (Hintergr...
SP	Spät	01	S-11		14:00	22:45	01:00					Hintergrundfarbe (Hintergr...
T	Seminar/Kurs	01			00:00	00:00	00:00		✓			Rot (Negativer Schwellwert...
U	Urlaub	01			00:00	00:00	00:00	✓				Rot (Negativer Schwellwert...
ab	untertägig abwesend				00:00	00:00	00:00	✓				Hintergrundfarbe (Hintergr...
ms	Mehrarbeitsstunden				00:00	00:00	00:00		✓			Hintergrundfarbe (Hintergr...

Abbildung 3.48: Customizing, Einsatzkürzel

Einsatzkürzel sind immer nur für eine Einsatzgruppe gültig, d. h., Mitarbeiter einer Einsatzgruppe sollten möglichst immer ähnliche Tagespläne haben, um die Liste der Einsatzkürzel für den Anwender überschaubar halten zu können. Sie sollten sich also in der Konzeptionsphase insbesondere Gedanken darüber machen, wie Sie die Einsatzgruppen definieren.

☛ Definition von Einsatzgruppen

- Mitarbeiter einer Einsatzgruppe sollten ähnliche Tagespläne haben.
- Einsatzkürzel für An-/Abwesenheiten gelten für die ganze Einsatzgruppe.
- Vorgesetzte benötigen Berechtigungen für alle Mitarbeiter der Einsatzgruppe.
- Weiter gehende Möglichkeiten der dynamischen Anpassung der Einsatzkürzel bietet das BAdI BADI_PTSP_SHIFTS.

Im Fall der dezentralen Erfassung von Zeitdaten durch den Vorgesetzten definieren wir eine Einsatzgruppe für dieses Team und ordnen sie über den Infotyp *1039* der Organisationseinheit zu. Innerhalb dieses Teams sollte die Anzahl der unterschiedlichen Tagesarbeitszeitpläne überschaubar sein. In einem reinen Dreischichtbetrieb müssen wir mindestens drei Einsatzkürzel für die Tagespläne Früh-, Spät- und Nachtschicht anlegen. Zusätzlich legen wir noch weitere Einsatzkürzel für zu erfassende Abwesenheiten wie Urlaub und Gleitzeit an und sollten diese zur besseren Übersicht auch farblich anders darstellen.

In den ALLGEMEINEN FARBEN- UND SCHRIFTFORMATIERUNGEN können wir zusätzlich die Darstellung von Infospalten, arbeitsfreien Tagen oder Sondertagen festlegen.

Dies war eine kurze Einführung in die Konfiguration der PEP, mit der es nun möglich ist, unsere Anforderungen abzubilden.

3.8.2 Berechtigungen

Neben den Berechtigungen für die Transaktionen, insbesondere *PP61*, benötigt der Bearbeiter Berechtigungen für die in der PEP verwendeten Infotypen des Organisationsmanagements, also insbesondere die Infotypen *1039* und *1049*. Zur Ansicht und Pflege der Daten müssen ihm außerdem die Zeitwirtschaftsinfotypen *2001-2003* freigegeben sein.

4 Abbildung spezieller Anforderungen

In diesem Kapitel gehen wir auf besondere Probleme der Zeitwirtschaft ein, die uns in Projekten immer wieder begegnet sind. Wir werden dabei vor allem das Thema »Grundkonzeption des Zeitauswertungsschemas« vertiefen – zum einen anhand des Beispiels einer Neueinführung (Abschnitt 4.1) und zum anderen anhand eines internationalen Rollouts (Abschnitt 4.2) der SAP-Zeitwirtschaft. Die letzten beiden Abschnitte dieses Kapitels zeigen, wie komplexe Themen wie »dynamische Pausen« oder »Langzeitarbeitskonten« durch Anpassungen des Zeitauswertungsschemas abgebildet werden können. Zum Verständnis sind insbesondere die Abschnitte 1.3 und 2.4.1 Voraussetzung.

4.1 Neueinführungs- und Redesignprojekte

Zu der Entscheidung, ein laufendes SAP-Zeitauswertungssystem neu aufzubauen oder die Neueinführung einer vollständigen SAP-Zeitauswertung vorzunehmen, führen die unterschiedlichsten Gründe; diese reichen vom Wechsel von einer Fremdsoftware auf eine integrierte SAP-Lösung bis hin zum technisch notwendigen Neuaufbau fehlerhafter und wartungsintensiver SAP-Zeitauswertungslandschaften.

Auf die unterschiedlichen Beweggründe wird im Rahmen dieses Buches nicht eingegangen. Vielmehr stellen wir Ihnen eine schematische Vorgehensweise vor, die sich von Redesign- und Neueinführungsprojekten unterscheidet, die ausschließlich auf der Grundlage von Organisationsstrukturen durchgeführt werden. Da die rechtliche Struktur nicht immer mit der organisatorischen übereinstimmt, sollte sie dabei vorrangig beachtet werden.

Am Anfang eines Redesign- oder Neueinführungsprojekts steht immer die Anforderungsanalyse für das zukünftige System. Einige Aspekte, die es zu berücksichtigen gilt, sind z. B.:

- Welchen Leistungsumfang soll das System haben (Zeitauswertung, Zeitnachweisformulare, ESS-/MSS-Szenarien, Fiori-Funktionalitäten, Zeiterfassung mittels App-Lösungen etc.)?
- Wie wurde die Zeitauswertung in der Vergangenheit gehandhabt, welche Rückschlüsse für die Zukunft lassen sich daraus ziehen?
- Welche (Zeit-)Vergütungen sollen mittels der Zeitauswertung ausgelöst und gezahlt werden?
- Welche Reportingfunktionalitäten soll das System haben?

So entwickeln sich zahlreiche Fragestellungen, deren Klärung Bestandteil eines Projekts ist. Nachfolgend beschränken wir uns auf die Vorgehensweise hinsichtlich vergütungs- und arbeitszeitrechtlicher Anforderungen an ein Zeitauswertungssystem.

4.1.1 Business Blueprint

Juristische Grundlagen zur Erstellung eines betriebswirtschaftlichen Soll-Konzepts

Insbesondere bei Redesignprojekten findet man häufig den Ansatz, die Anforderungen an das neue System aus dem Altsystem zu lesen und auf dieser Basis »neu« zu definieren. Diese Vorgehensweise funktioniert jedoch nur dann fehlerfrei, wenn das Altsystem auf dem neuesten rechtlichen Stand exakt alle Anforderungen abbildet, die in den gesammelten Vertragswerken des Unternehmens vorgeschrieben sind. Das dürfte jedoch gerade dann nicht der Fall sein, wenn das Zeitauswertungssystem aus Gründen der Systemzuverlässigkeit und/oder Wartungskosten neu aufgebaut werden soll.

Sowohl bei Redesign- als auch bei Neueinführungsprojekten sollte zunächst die Sammlung und Analyse aller Rechtsvorschriften erfolgen. Dazu gehören:

- Gesetzestexte, aktuelle Rechtsprechung,
- Manteltarifverträge,
- Tarifverträge,
- Gesamtbetriebsvereinbarungen,
- Betriebsvereinbarungen,
- Protokollnotizen,
- alle sonstige schriftlichen Vereinbarungen sowie
- eine Auflistung von Sachverhalten, die nicht schriftlich festgehalten sind (und z. B. betriebliche Übungen sein können).

Vor- und Nachrangigkeit der Rechtsvorschriften

Bei der Interpretation der Rechtsvorschriften ist deren Rangfolge von oben nach unten bzw. von »vorrangig« zu »nachrangig« zu beachten, die in der oben gezeigten Auflistung angedeutet wird.

Von den gesetzlichen Regelungen darf durch Tarifverträge nur im Rahmen gesetzlich definierter Spielräume zu Ungunsten des Mitarbeiters abgewichen werden. Entsprechend sind Regelungen in Tarifverträgen nicht durch anderslautende Betriebsvereinbarungen aushebelbar usw.

Aus diesen ggf. sehr umfangreichen Grundanforderungen kann nun ein Soll-Konzept für das neue Zeitauswertungssystem erstellt werden, das beispielsweise enthält:

- die Gliederung nach Unternehmensbereichen, die sich unter Beachtung der Organisationsstruktur als Tarifgebiete und/oder nach weiteren gemeinsamen Rechtsgrundlagen sinnvoll zusammenfassen lassen;

- die Auflistung aller Arbeitszeitpläne für jeden dieser »Regelungsbereiche« mit ihren vollständigen Informationen wie Voll-/Teilzeit, Gleitzeit/fixe Arbeitszeit, Pausenregelungen, Schichtrhythmus, vertragliche Arbeitszeiten etc.;
- die Analyse der unterschiedlichen Rechtsgrundlagen hinsichtlich aller arbeitszeit- und vergütungsrelevanter Regelungen.

Fragestellungen, die helfen können, unterschiedliche Rechtsgrundlagen zu beschreiben, sind z. B.:

- Wie ist in den jeweiligen Bereichen Sonn- und Feiertagsarbeit definiert (z. B. 00:00–24:00 Uhr oder 06:00–06:00 Uhr)?
- Wann entsteht Mehrarbeit (z. B. tagesgenau oder wöchentlich ab Sollzeitüberschreitung)?
- Wann muss welcher Zeitzuschlag in welcher Höhe gezahlt werden (z. B. Sonn-/Feiertagszuschläge, Nachtzuschläge, Schichtzulagen, ...)?
- Werden bei Mehrarbeit sogenannte *Mischzuschläge* gezahlt, die steuerlich besonders betrachtet werden müssen (z. B. Feiertagsmehrarbeit 150 %, davon 25 % Mehrarbeitszuschlag => der Zuschlag wird zu 1/6 steuer- bzw. sozialversicherungspflichtig)?

Aufgrund der Vielzahl und Komplexität der unterschiedlichsten Anforderungen kann die Erstellung eines solchen Soll-Konzepts sehr anspruchsvoll und umfangreich werden und kann an dieser Stelle nur kurz skizziert werden.

Ein betriebswirtschaftlich-juristisch vollständiges Soll-Konzept umfasst alle diesbezüglichen Anforderungen an das Zeitauswertungssystems.

Betriebswirtschaftliche Ist-Analyse des laufenden Systems

Neben der Erstellung eines Soll-Konzepts ist eine Ist-Analyse des laufenden Zeitauswertungssystems obligatorisch. Auch bei stark fehlerhaften Systemlandschaften lassen sich hierdurch mitunter wichtige

Informationen gewinnen, die die Ergebnisse des Soll-Konzepts vervollständigen können.

Die Ist-Analyse eines laufenden Systems beinhaltet die Analyse sämtlicher Systemeinstellungen, die in der bisherigen Zeitauswertungslandschaft zur Ermittlung der Arbeitszeiten, Zeitkonten, Zuschlagszahlungen etc. führen; sie dient als Basis für die nachfolgende Delta-Analyse.

Insbesondere bei der Betrachtung der Schemen, Unterschemen und Rechenregeln hat es sich für uns als hilfreich erwiesen, Werkzeuge wie beispielsweise den *Schemenanalyzer HCM Time* einzusetzen. Dieser

- gibt eine Übersicht aller verwendeten Schemen und Personalrechenregeln sowie
- eine detaillierte Auflistung von Variablen, Zeitarten und Zeitlohnarten innerhalb der Rechenregeln,
- differenziert nach eingehenden und ausgehenden Zeitarten, Zeitlohnarten oder variablen Salden,
- erlaubt eine gezielte Suche, an welcher Stelle oder wie oft eine Zeitart oder Zeitlohnart im Schema gebildet wird.

Dadurch reduziert sich die für die Ist-Analyse benötigte Zeit erheblich.

Delta-Analyse

Im Anschluss an die Erstellung der betriebswirtschaftlichen Soll- und Ist-Analysen erlaubt die Delta-Analyse – d. h. die Differenzanalyse zwischen den notwendigen und den tatsächlichen Auswertungsergebnissen – einen genauen Überblick über die Abweichungen des laufenden Systems von den erarbeiteten Soll-Ergebnissen.

Diese können daraufhin bewertet und kategorisiert werden:

- **Korrekt**: Das laufende Zeitauswertungssystem liefert Ergebnisse passend zum Soll-Konzept.
- **Abweichend**: Das laufende Zeitauswertungssystem liefert Ergebnisse, die sich nicht im Soll-Konzept wiederfinden, aber

korrekt sein können (z. B. wegen eines fehlerhaften Soll-Konzepts aufgrund fehlender Unterlagen nicht als Soll erfasster Zuschlagszahlungen, aus betrieblicher Übung etc.).

- **Fehlerhaft**: Das laufende Zeitauswertungssystem liefert fehlerhafte Ergebnisse.

Prozessanalyse

Der Phase der Soll-/Ist-/Delta-Analyse kann bei Bedarf eine Prozessanalyse voran- oder begleitend zur Seite gestellt werden. Sie eröffnet die Möglichkeit, bisherige Prozessabläufe im Zusammenhang mit der Zeitauswertung zu überprüfen und nach Möglichkeit zu verschlanken oder zu vereinheitlichen, wie z. B.:

- Mehrarbeitsermittlungen sind in verschiedenen Unternehmensbereichen auf Grundlage von Betriebsvereinbarungen unterschiedlich geregelt.
- Die Erfassung von Zeitdaten erfolgt in manchen Unternehmensbereichen dezentral (z. B. über den TMW), in anderen dagegen zentral über Shared Service Center.

Die Ergebnisse der Prozessanalyse können die Ergebnisse des Soll-Konzepts bzw. der Delta-Analyse ergänzen oder verändern.

Erstellung Business Blueprint

Aus den oben gewonnenen Erkenntnissen lässt sich nun ein detaillierter Business Blueprint erstellen, der neben den gängigen, idealerweise harmonisierten Prozessen alle im SAP-Zeitauswertungssystem abzubildenden arbeitszeit- und vergütungsrechtlichen Informationen und Vorschriften beinhaltet.

4.1.2 Technischer Blueprint

Sind alle Anforderungen an das Zeitauswertungssystem zusammengestellt, kann dieses technisch umfassend konzipiert werden. Zur Veranschaulichung wollen wir uns hier auf einen Strukturierungsansatz für Schemen und Regeln konzentrieren.

Design von Schemen und Regeln

Ein durchgängig konzipiertes Design von Schemen und Regeln – damit gemeint ist insbesondere die Nomenklatur für die vierstelligen technischen Kürzel – ist in laufenden Systemen oft nicht vorhanden. Stattdessen werden die Schemen und vielen Personalrechenregeln im laufenden Betrieb eines Systems häufig neu angelegt, indem die technischen Bezeichnungen frei gewählt werden. In diesem Fall kann die sehr offene Systemarchitektur im Bereich von Schemen und Regeln zu einer immer undurchsichtigeren, wartungsintensiven und dadurch auch fehlerbehafteten Auswertungsstruktur führen. Nachfolgend stellen wir Ihnen vor, wie eine durchgängige Strukturierung von Schemen und Regeln konzipiert werden kann.

Grundsätzlich sieht der SAP-Standard eine Trennung der Auswertungsschemen für die positive und negative Zeitauswertung vor.

Zusammenfassung von Zeitauswertungsschemen

Technisch ist es möglich, beide Schemen in einem einzigen Dachschema zusammenzufassen und dort per IF-Schleife (Beispiel dargestellt in Abbildung 4.2) zu separieren. Dadurch können wir die Varianten für die Zeitauswertung reduzieren und außerdem das Problem der korrekten Abrechnung der Mitarbeiter lösen, die von einem Konzept zum anderen wechseln, z. B. von Positiv- zu Negativzeitwirtschaft.

Ein kundeneigenes Auswertungsschema für die **negative Zeitauswertung** (ohne Zeiterfassung) sollte sich möglichst nah am SAP-Standardschema *TM01* orientieren und die vorgesehenen SAP-Standardzeitarten herstellen bzw. verarbeiten. Die nachfolgenden Erläuterungen zur Konzipierung eines Auswertungsschemas für die positive Zeitauswertung können analog auch auf die negative Zeitauswertung angewendet werden; daher wird diese hier nicht weiter beschrieben.

Ein kundeneigenes Auswertungsschema für die **positive Zeitauswertung** (mit Stempelbuchungen) kann in sauber konzipierte Unterschemen aufgeteilt werden, die ausschließlich der Auswertung der für sie bestimmten Unternehmensbereiche dienen. Die Auswertungsschemen sollten sich dabei möglichst nah am SAP-Standardschema *TM00* orientieren und die vorgesehenen SAP-Standardzeitarten herstellen bzw. verarbeiten.

Dieses Konzept lässt sich bis in die tiefsten Verarbeitungsstränge verfeinern, indem eine saubere Trennung der Namensbereiche von Schemen, Regeln und Zeitarten vorgesehen wird. Die Trennung kann so vorgenommen werden, dass Schemen, Regeln und kundenspezifische Zeitarten durch eindeutige Anfangszeichen eine direkte Zuordnung zum verarbeiteten Standort/Auswertungsbereich ermöglichen.

Benennung von Unternehmensbereichen innerhalb des technischen Blueprints

Nachfolgend gelte das Szenario, dass ab dem Stichtag 01.01.2025 ein bestehendes Zeitauswertungsschema durch ein redesigntes System ersetzt werden soll. Die Bezeichnungen der bisherigen Schemen für die negative bzw. positive Zeitauswertung lauten *ZM01* bzw. *ZM00*. Die Schemen für positive und negative Zeitauswertung werden getrennt prozessiert und nicht in einem Dachschema zusammengefasst. Das Soll-Konzept sieht getrennte Auswertungsbereiche für fünf deutsche Standorte vor, deren Bezeichnungen mit den Buchstaben A (z. B. Augsburg), B (z. B. Bremen), C, D und E beginnen.

Alle genannten Bezeichnungen sind nur beispielhaft und müssen kundenindividuell definiert werden.

Partielles Redesign

Statt eines kompletten Redesigns erlaubt die hier gezeigte modulare Konzeption auch ein teilweises (z. B. standortbezogenes) Redesign, das nach und nach auf weitere Standorte/Unternehmensbereiche ausgerollt werden kann.

Für das Beispiel der Negativzeitwirtschaft bedeutet das:

- Das alte Schema *ZM01* für die negative Zeitauswertung wird vollständig in ein neues Schema *ZMA1* (»...A1« = Alt Negativ) kopiert. Das neu aufzubauende Schema für das Redesign der negativen Zeitwirtschaft erhält die Bezeichnung *ZMR1* (»... R1« = Redesign Negativ).
- Das bisherige Auswertungsschema *ZM01* wird nun in ein Dachschema für diese beiden Auswertungsschemen umgewandelt.
- Die Rückrechnungsfähigkeit hinsichtlich der Zeitauswertung über Schemen und Regeln bleibt auf diese Weise voll erhalten.

Für das Beispiel der Positivzeitwirtschaft gilt analog:

- Das alte Schema *ZM00* für die positive Zeitauswertung wird vollständig in ein neues Schema *ZMA0* (»...A0« = Alt Positiv) kopiert. Das neu aufzubauende Schema für das Redesign der positive Zeitwirtschaft erhält die Bezeichnung *ZMR0* (»... R0« = Redesign Positiv).
- Das bisherige Auswertungsschema *ZM00* wird nun in ein Dachschema für diese beiden Auswertungsschemen umgewandelt. Hierfür muss der *Initialisierungsblock* bestehen bleiben, bevor nachfolgend per Personalrechenregel das jeweilige »alte« bzw. »neue« Auswertungsschema der *Tagesverarbeitung* aufgerufen wird.
- Bezüglich der *Endeverarbeitung* kann analog verfahren werden.
- Die Rückrechnungsfähigkeit hinsichtlich der Zeitauswertung über Schemen und Regeln bleibt auf diese Weise voll erhalten.

Die als IF-Schleife fungierende Rechenregel wird über die Definition eines Zeitschalters im View V_T511K realisiert, siehe hierzu Abbildung 4.1.

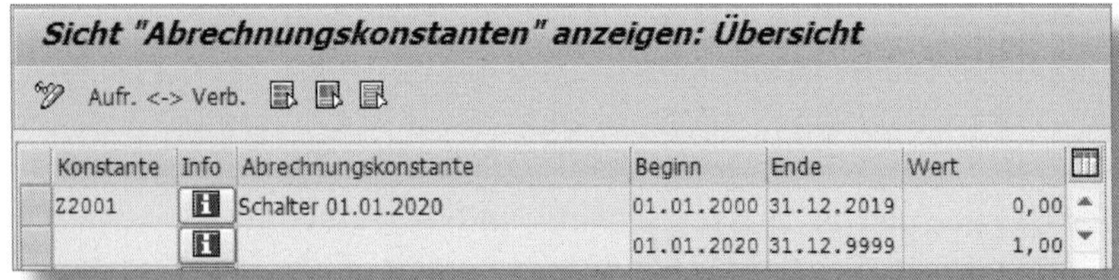

Sicht "Abrechnungskonstanten" anzeigen: Übersicht

Aufr. <-> Verb.

Konstante	Info	Abrechnungskonstante	Beginn	Ende	Wert
Z2001	i	Schalter 01.01.2020	01.01.2000	31.12.2019	0,00
	i		01.01.2020	31.12.9999	1,00

Abbildung 4.1: Zeitschalter in der T511K

Dieser Zeitschalter wird anschließend, wie in Abbildung 4.2 verdeutlicht, in einer Rechenregel eingebaut.

Regel anzeigen : ZPIF Grpg MitarbKreis * L/ZArt **

```
Befehl                                                        Stapel
Zeile   VarArg.  FZ T Operation Operation Operation Operation Operation Operation *
                 ------------+---------+---------+---------+---------+---------+---------+
000010              D OUTWPPLANT
000020  ****          SCOND=F IF                         SONSTIGE AUSWERTUNGSBEREICHE
000030  1013        D HRS=CZ2001HRS?0                    AUGSBURG
000040  1013 *        SCOND=T IF                         AB 01.01.2020
000050  1013 =        SCOND=F IF                         BIS 31.12.2019
```

Abbildung 4.2: Abfrage Zeitschalter in Rechenregel

Das Ergebnis im Schema wird in Abbildung 4.3 dargestellt.

In das neue Schema *ZMR0* werden nun neue Unterschemen für die nach Auswertungsbereichen getrennt durchzuführenden Zeitauswertungen eingebaut. Die neuen Unterschemen enthalten jeweils die komplette technische Auswertungsstruktur der Tagesverarbeitung; der Initialisierungsblock und die Endeverarbeitung werden deaktiviert, da diese im Dachschema *ZM00* enthalten sind.

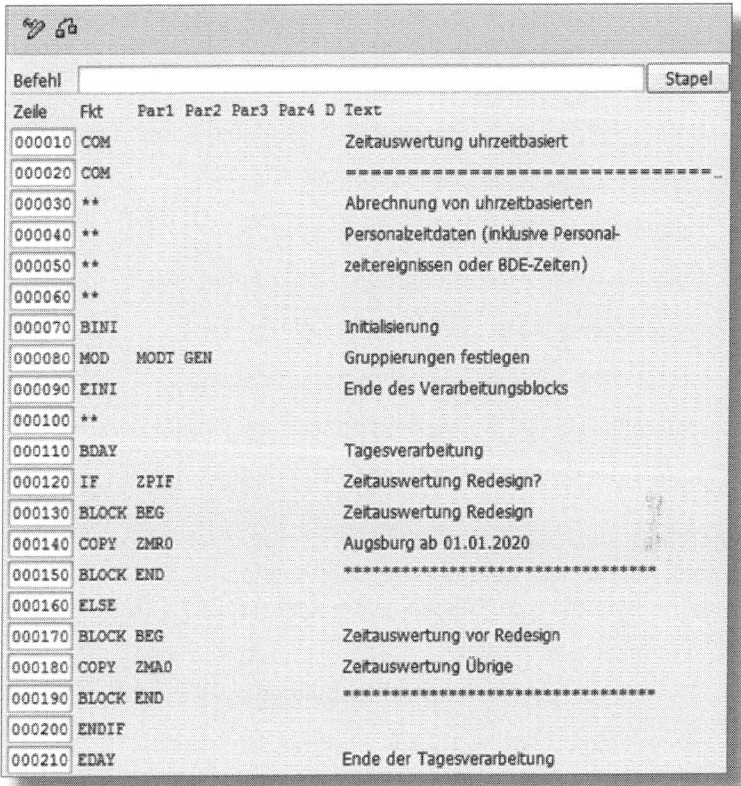

Befehl | Stapel

Zeile	Fkt	Par1	Par2	Par3	Par4	D	Text
000010	COM						Zeitauswertung uhrzeitbasiert
000020	COM						================================
000030	**						Abrechnung von uhrzeitbasierten
000040	**						Personalzeitdaten (inklusive Personal-
000050	**						zeitereignissen oder BDE-Zeiten)
000060	**						
000070	BINI						Initialisierung
000080	MOD	MODT	GEN				Gruppierungen festlegen
000090	EINI						Ende des Verarbeitungsblocks
000100	**						
000110	BDAY						Tagesverarbeitung
000120	IF	ZPIF					Zeitauswertung Redesign?
000130	BLOCK	BEG					Zeitauswertung Redesign
000140	COPY	ZMR0					Augsburg ab 01.01.2020
000150	BLOCK	END					********************************
000160	ELSE						
000170	BLOCK	BEG					Zeitauswertung vor Redesign
000180	COPY	ZMA0					Zeitauswertung Übrige
000190	BLOCK	END					********************************
000200	ENDIF						
000210	EDAY						Ende der Tagesverarbeitung

Abbildung 4.3: Schema nach Redesign

Die Namensgebung der standortspezifischen Auswertungsschemen sollte in einer Weise erfolgen, die eine direkte Zuordnung zum Auswertungsbereich ermöglicht, wie etwa:

- ZAPT (Kundenschema Augsburg, positive Zeitauswertung),
- ZBPT (Kundenschema Bremen, positive Zeitauswertung)
- usw.

Innerhalb der standortspezifischen Schemen werden nun am Beispiel ZAPT Unterschemen angelegt, die die SAP-Standardarchitektur verfeinern, diese jedoch analog abbilden:

- Unterschema ZA1A: »Bereitstellen Zeitdaten Augsburg«,
- Unterschema ZA2A: »Fehlerprüfung Augsburg«,
- Unterschema ZA3A: »Istzeiten Augsburg«,
- Unterschema ZA4A: »Sollarbeitszeiten Augsburg«,
- Unterschema ZA5A: »Mehrarbeiten Augsburg«,
- Unterschema ZA6A: »Zeitlohnarten Augsburg«,
- Unterschema ZA7A: »Mehrarbeitsverrechnung Augsburg«,
- Unterschema ZA8A: »Zeitsalden Augsburg«.

Und innerhalb der standortspezifischen Unterschemen kann diese Systematik nun auf die Bezeichnung aller kundeneigenen Personalrechenregeln – wie hier am Beispiel Unterschema: ZA1A »Bereitstellen Zeitdaten Augsburg« – erweitert werden:

- Rechenregel ZA1A »Stempelbuchungen auf Zeitart«,
- Rechenregel ZA1B »Lage der Pausen«,
- Rechenregel ZA1C »Sonderkennzeichen Mitarbeiter auslesen«
- usw.

Dieses Design lässt sich bis auf die Zeitartenebene übertragen, sodass die auf der Datenbank abgelegten Zeitarten direkte Rückschlüsse auf den Auswertungsbereich und ihren Entstehungsort im Zeitauswertungsschema zulassen.

Eine durchgängige Konzeption von Schemen und Regeln bringt große Vorteile hinsichtlich der Wartungsfähigkeit des zukünftigen Systems – insbesondere auch vor dem Hintergrund wechselnder Systemadministratoren – und der Zuverlässigkeit der Zeitauswertungen. Auch lassen sich hierdurch ausgefeilte Reportingmöglichkeiten auf Zeitarten- bzw. Zeitlohnartenbasis schaffen.

☛ Nomenklatur der Rechenregeln und Zeitarten

Bei der vorgeschlagenen Strukturierung handelt es sich um einen konzeptionellen Vorschlag. Die tatsächliche Konzipierung und Namensdefinition richtet sich immer nach den kundeneigenen Rahmenbedingungen und muss individuell festgelegt werden (vgl. hierzu auch Abschnitt 4.2).

Zeitlohnartenbildung

Auch hinsichtlich der Zeitlohnartenbildung sollte eine saubere Strukturierung, idealerweise getrennt nach Auswertungsbereichen analog zu den Zeitauswertungsschemen, vorgenommen werden.

Hierfür stehen insbesondere die in Tabelle *V_T510S* enthaltenen Zeitlohnartenauswahlregelgruppen und Tagesgruppierungen zur Verfügung. Die Zeitlohnartenauswahlregelgruppen werden mit der Rechenregeloperation `MODIF W = xx` definiert, die Tagesgruppierungen im Zeitauswertungsschema mit den Funktionen DAYMO und DODMO oder der Rechenregeloperation `MODIF D = xx`.

Sonstige Elemente des technischen Blueprints

Bestandteile des technischen Blueprints sind im Übrigen alle weiteren Konfigurationen, die zur Herstellung bzw. zum Redesign eines Zeitauswertungssystems vorgenommen werden müssen. Auch hier sollte jeweils eine durchdachte Strukturierung nach dem Top-down-Prinzip – also beginnend mit einem möglichst vollständigen Gesamtüberblick hin zum detaillierten Feinkonzept für den einzelnen Auswertungsbereich – selbstverständlich sein.

Zum technischen Blueprint gehören z. B. alle Konfigurationen

- der Arbeitszeitpläne,
- der Lohnartengenerierung und ihrer Verbindung mit den Arbeitszeitplänen,

- des Customizings aller für die Zeitauswertung relevanten Infotypen,
- des Customizings von Kollisionsprüfungen (Zeitbindung),
- des Customizings von Personalzeitereignissen,
- der Anbindung an Subsysteme (z. B. Zeiterfassungsterminals) bzw. Peripheriesysteme (z. B. SAP Fiori-Anwendungen),
- der Integration in die Personalabrechnung
- etc.

Erstellung eines technischen Blueprints

Aus den oben gewonnenen Erkenntnissen lässt sich nun ein detaillierter technischer Blueprint erstellen, der alle Anforderungen aus dem Business Blueprint berücksichtigt und diese in ein für das Unternehmen passendes Gesamtdesign überführt.

Soll das Neueinführungs- bzw. Redesignprojekt der Zeitauswertung schrittweise, also nacheinander für einzelne Auswertungsbereiche durchgeführt werden, sollte trotzdem zuvor ein vollständiger Überblick über alle Rechtsgrundlagen und davon abhängigen Auswertungsbereiche vorhanden sein – nur dann ist eine vollständige Konzipierung möglich, die die Notwendigkeit nachträglicher Ergänzungen oder gar Konzeptänderungen verhindert.

4.2 Internationaler Rollout

Anders als etwa im Modul »Abrechnung« gibt es in der SAP-Zeitwirtschaft keine Länderversionen. Unterscheidungen ergeben sich in erster Linie durch das Schema, z. B. für die Positiv- oder Negativzeitwirtschaft. Insbesondere in Kapitel 1 haben wir Ihnen rechtliche Aspekte aufgezeigt, die eine Berücksichtigung länderabhängiger Anforderungen verlangen. Dennoch hat die SAP darauf verzichtet, unterschiedliche Schemen für die Länder zu entwickeln. Wir müssen die Landesspezifika somit zum großen Teil selbst umsetzen. Dies ist in der

SAP-Zeitwirtschaft letzten Endes durch Anpassungen in den Regeln möglich, jedoch sind bei der Konfiguration einige Dinge zu beachten, damit die Anpassungen für ein Land nicht die Einstellungen für ein anderes verändern.

4.2.1 Gruppierungen

In den meisten Customizingtabellen der Zeitwirtschaft gibt es das Feld GRUPPIERUNG. Beispiele hierfür sind die Feiertagskalender sowie die Gruppierung der Personalteilbereiche für

- Zeitkontingenttypen,
- Arbeitszeitpläne,
- Ab-/Anwesenheitsarten,
- Zeiterfassung,
- Ab-/Anwesenheitsauszählungen,
- Vertretungsarten/Bereitschaftsarten.

Über dieses Feld lässt sich die jeweilige Konfiguration für verschiedene Länder individuell einrichten. Nehmen wir als Beispiel die »Gruppierung für Ab-/Anwesenheitsarten«: Wir können für Personalnummern nur solche Abwesenheiten erfassen, die eine sich aus der organisatorischen Zuordnung ergebende Gruppierung aufweisen. Wenn wir also für Personalnummern an deutschen Standorten die Gruppierung *01* vergeben, so sind nur solche Ab- und Anwesenheitsarten zulässig, die ebenfalls den Eintrag *01* in diesem Feld der Customizingtabelle aufweisen.

Gruppierung analog MOLGA

Es bietet sich an, die Gruppierung analog zum MOLGA zu vergeben und somit einen Großteil des Customizings länderabhängig anzulegen. Allerdings dürfen Gruppierungen in der Zeitwirtschaft nur Nummern enthalten; es sind also keine alphanumerischen Gruppierungen möglich, wodurch die Anzahl begrenzt ist. Die SAP liefert entsprechend dieser Logik auch Mustereinträge zu Abwesenheiten aus, z. B. spezielle Abwesenheiten für Frankreich haben die Gruppierung *06*.

Leider besteht bei dieser Systematik nicht die Möglichkeit, innerhalb eines Landes weiter zu unterteilen. Wenn das notwendig sein sollte, da innerhalb eines Landes unterschiedliche Regelungen abzubilden sind, müssten wir Gruppierungen von anderen Ländern, z. B. 90–99 verwenden.

4.2.2 Tabellen ohne Gruppierungen

Die Gruppierungen sind leider nicht in allen Customizingtabellen verfügbar. So gibt es einige wichtige Einträge, die gruppierungsübergreifend sind, Tabelle 4.1 zeigt einige Beispiele.

Customizing	Tabelle/View
Mehrarbeitsverrechnungsarten	T555T
Verarbeitungstypen	V_T510V
Bestimmungsregeln für Tagestypen	T553A
Kollisionsprüfungen	V_T559R
Rückrechnungstiefen	V_T569R

Tabelle 4.1: Tabellen der Zeitwirtschaft ohne Gruppierungen

Sollten in diesen Tabellen Unterscheidungen zwischen den Ländern notwendig sein, so muss das abgestimmt und festgelegt werden.

Länderabhängiges Customizing

Um in Tabellen, die keine Gruppierung haben, nach Ländern unterteilen zu können, bietet es sich an, die alphabetischen Kürzel zu verwenden, die für die Länder gebräuchlich sind. Im Infotyp *50* sind Gruppierungen für das Subsystem zu vergeben, hier könnten Sie die Bezeichnungen so vergeben, dass Einträge für Deutschland mit einem D beginnen, Einträge für die Schweiz mit C, für Frankreich mit F usw. und damit eine Unterscheidung erreichen.

Auch im ESS können die Customizingeinstellungen länderabhängig definiert werden. Wie in Abschnitt 3.2.1 beschrieben, steuert die Regelgruppe eine Vielzahl der Verarbeitungen im ESS. Wir müssen also das Merkmal WEBMO so einstellen, dass das Land berücksichtigt wird.

4.2.3 Schemaaufruf

Bezüglich der Regeln und Schemen ist zu beachten, dass wir bei diesen Objekten zwar eine Länderzuordnung eintragen können, wie Abbildung 4.4 zeigt.

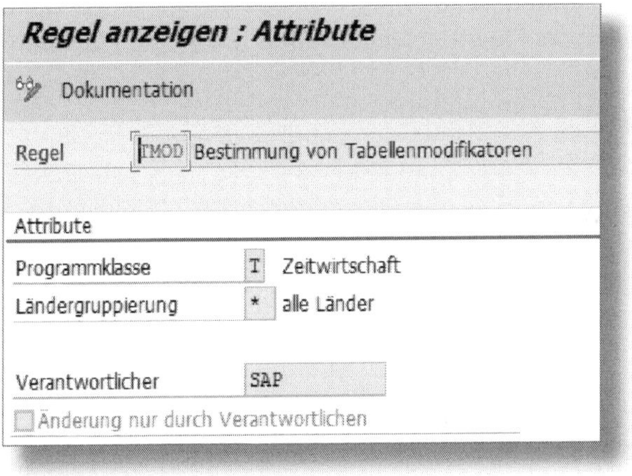

Abbildung 4.4: Attribute einer Regel der Zeitwirtschaft

Allerdings wird diese Zuordnung in der Zeitauswertung durch den Report *RPTIME00* nicht berücksichtigt. So können wir eine Zuordnung nur über die Bezeichnung kenntlich machen. Die Frage ist jedoch: Müssen wir Regeln und Schemen überhaupt Ländern zuordnen?

Sollten mehrere Schemen innerhalb eines Mandanten verfügbar sein, so birgt das die Gefahr, dass Benutzer beim Start der Zeitauswertung nicht das korrekte Schema verwenden, z. B. ein Mitarbeiter aus der Schweiz das Schema für Deutschland. Das kann dazu führen, dass für die selektierten Mitarbeiter die Zeitauswertung abbricht oder – was oftmals noch schlimmer ist – falsche Ergebnisse erzeugt werden.

Eine Option ist, eine Abfrage in das Schema einzubauen, sodass die Zeitauswertung die fehlerhafte Konstellation erkennt und die Verarbeitung beendet. Noch verbreiteter ist die Möglichkeit, ein Schema anzulegen, das passend zu den Stammdaten der Personalnummer das entsprechende landesspezifische Unterschema aufruft. Alle Unterschemen sollten als »nicht ausführbar« markiert werden. Dadurch können fehlerhafte Aufrufe ganz vermieden werden.

4.3 Langzeitkonten

Die Abbildung von Zeitkonten wollen wir anhand eines Projektbeispiels erläutern, welches viele der Facetten dieser Aufgabenstellung beleuchtet.

Projekt: Einführung Lebensarbeitszeitkonten

Zielsetzung des Vorhabens ist die Einführung eines Zeitwertkontensystems gemäß des gültigen Tarifvertrags Chemie Bayern (Tarifvertrag »Lebensarbeitszeit und Demographie«) unter Berücksichtigung der gesetzlichen Regelung (Flexi-II-Gesetz).

Die *Lebensarbeitszeitkonten* (LAZ) dienen der Flexibilisierung der Arbeitszeit, z. B. durch frühere Beendigung der Arbeitsphase, Verlängerung von Elternzeit oder einer bezahlten Freistellung (Sabbatical).

Dieses Ziel kann durch zwei Komponenten erreicht werden:

1. durch das Wandeln von Entgelt oder
2. die Wandlung und Bewertung von Mehrleistungen in Form von erbrachten Arbeitszeiten.

Im Folgenden wird der Fokus auf den zweiten Aspekt gelegt, nichtsdestotrotz wird der Prozess in Gänze beschrieben.

4.3.1 Umwandlung Zeitelemente, Beschreibung der Anforderungen

Die Einbringung von *Zeitguthaben* in das Wertkontenmodell betrifft Gleitzeit-, Urlaubsrest- und Altersfreizeitguthaben (Freistundenanspruch ab einer bestimmten Altersgrenze). Mehrarbeitszeiten können nicht umgewandelt werden.

Für die Umwandlung von Gleitzeitguthaben gelten für Tarif- und AT-Mitarbeiter unterschiedliche Regeln. Ferner gibt es besondere Regeln für Arbeitszeiten, die aufgrund von Projekten angefallen sind und deshalb nicht abgebaut werden können. Die Umwandlung von Gleitzeit- und Altersfreizeitguthaben kann jeweils nur auf Basis einer halbjährlichen Kappung (30.06. und 31.12.) erfolgen.

Resturlaubszeiten aus dem vergangenen Kalenderjahr sind im April des Folgejahres wandelbar. Die Berechnungsgrundlage für Zeitguthaben ist das Tarifentgelt auf Stundenbasis. Es gilt folgende Gleitzeitkontenregelung für Tarif-Mitarbeiter:

- 0–20 Stunden -> flexible Zeit zum Gleiten, können nicht gewandelt werden,
- 20–30 Stunden -> verfallen in jedem Fall, können nicht gewandelt werden,
- 30–70 Stunden -> können gewandelt werden/werden automatisch gewandelt,
- 70–∞ Stunden -> verfallen in jedem Fall, können nicht gewandelt werden.

Es gelten folgende Gleitzeitkontenregelungen für AT-Mitarbeiter:

- 0–20 Stunden -> flexible Zeit zum Gleiten, können nicht gewandelt werden,

- 20–80 Stunden -> verfallen in jedem Fall, können nicht gewandelt werden,
- 80–120 Stunden -> können gewandelt werden/werden automatisch gewandelt,
- 120–∞ Stunden -> verfallen in jedem Fall, können nicht gewandelt werden

Die oben genannten Zeiten beziehen sich jeweils auf die Zeiträume Januar–Juni und Juli–Dezember.

Abbildung 4.5 und Abbildung 4.6 veranschaulichen die Stundenkorridore und die dafür gültigen Regelungen für den jeweiligen Mitarbeitertyp.

AT-Mitarbeiter				
Stunden/Halbjahr	Verbleib im GLZ-Konto	Kappung	Wandlung	Kappung
>120				
80-120				
20-80				
20				

Abbildung 4.5: Gleitzeitwandlungskorridor für AT-Mitarbeiter

Tarif-Mitarbeiter				
Stunden/Halbjahr	Verbleib im GLZ-Konto	Kappung	Wandlung	Kappung
>70				
30-70				
20-30				
20				

Abbildung 4.6: Gleitzeitwandlungskorridor für Tarif-Mitarbeiter

4.3.2 Technische Umsetzung in der Zeitwirtschaft

Die gesamten oben dargestellten Regelungen werden im beschriebenen Projekt mithilfe von Rechenregeln und Schemen in Verbindung mit der Funktion *LIMIT* realisiert.

Ferner ist die Vermeidung von Rückrechnungen von bereits gewandelten Zeitguthaben ein entscheidendes Thema. Die technische Lösung hierfür wird exemplarisch anhand der Gleitzeit erläutert.

Die in Abbildung 4.6 dargestellte Kappungssystematik wurde weitgehend anhand von Rechenregeln und der Funktion LIMIT abgebildet. Die Ausprägung der Funktion LIMIT zeigt Tabelle 4.2.

Korridor	Verwendung	zu kappende Zeitart	Kappungsgrenze	Überschuss wird abgestellt in Zeitart
0–20	Verbleib im GLZ-Konto	0005	20	0006
20–30	Verfall	0006	10	9998
30–70	LAZ-Wandlung	9998	40	9999
>70	Verfall	--	--	--

Tabelle 4.2: Ausprägung der Funktion LIMIT

Anschließend werden die unterschiedlichen LIMIT-Regelungen im Schema eingebaut. Für das beschriebene Beispiel sind außerdem weitere Anforderungen zu berücksichtigen:

- Es nehmen nicht alle Unternehmensbereiche und Standorte an dem LAZ-Modell teil.
- Der Mitarbeiter hat die Wahlmöglichkeit, teilzunehmen.
- Im Projektfall ist die Kappung ausnahmsweise ausgesetzt.

All diese Varianten wurden durch verschiedene IF-Abfragen gestaltet. Die Teilnahme am LAZ-Modell wurde in einem Zusatzfeld des Infotyps *0016* (Vertragsbestandteile) abgebildet. Um dieses Feld in einer Rechenregel abzubilden, wurde eine Operation programmiert. Wenn eine

Zusatzprogrammierung vermieden werden soll, könnten alternativ solche Teilnahmeregelungen auch über Schalterzeitarten im Infotyp *2012* hinterlegt werden.

Abbildung 4.7 zeigt die Realisierung der Abfragen im Schema.

001850	IF	Z149					LAZ Start
001860	IF	Z153					Teilnahme LAZ Wandlung?
001870	IF	Z114					Periode 06/12?
001880	LIMIT		04				
001890	ENDIF						Ende FIL Periode 06/12
001900	ENDIF						Ende Teilnahme LAZ Wandlung
001910	IF	Z113					Projekt?
001920	IF	Z111					Standort 1 oder Standort 2?
001930	IF	Z114					GLZ Kappung Periode 06/12?
001940	IF	Z150					Untern. 1 oder Untern. 2 ?
001950	IF	Z151					AT oder Tarif?
001960	LIMIT		01				Standort 1; Untern. 1 inkl. LAZ Tarif
001970	IF	Z153					Teilnahme LAZ Wandlung?
001980	LIMIT		05				Standort 1; Untern. 1 inkl. LAZ Tarif
001990	ENDIF						Ende Teilnahme LAZ Wandlung?
002000	ELSE						jetzt AT

Abbildung 4.7: Technische Realisierung der Abfragen im Schema

Innerhalb des Schemas werden also folgende Prüfungen durchlaufen:

1. Prüfung, ob der Go-Live-Termin überschritten ist (Zeile 1850-1870),
2. Projekteinsatz (Zeile 1910),
3. Standort 1 oder 2? (Zeile 1920),
4. Handelt es sich um die Periode 01 (Januar) oder 06 (Juni)? (Zeile 1930),
5. Unternehmensteil (Zeile 1940),
6. Tarif- oder AT-Mitarbeiter? (Zeile 1950),
7. Teilnahme LAZ? (Zeile 1970).

Sollten die ersten sechs Prüfungen erfolgreich sein, wird durch die Funktion LIMIT 01 (Saldenregel = 500) die GLZ bei zwanzig Stunden gekappt.

Wenn der Mitarbeiter bei Erfüllung aller oben genannten Bedingungen zusätzlich an der LAZ-Wandlung teilnimmt, werden die LIMIT-Regeln der Saldengruppe 05 durchlaufen (Saldenregeln = 610/620). Tabelle 4.3 veranschaulicht die Saldenbearbeitung im Customizing (ZEITAUSWERTUNG • ZEITAUSWERTUNG UHRZEITBASIERT • SALDENBEARBEITUNG • SALDENBILDUNG • SALDENLIMITS).

Gruppierung Personalteilbereich	Salden-gruppierung	Saldenregel	Text
01	01	500	GLZ-Kappung – Obergrenze Standort 1
01	05	610	Kappung Tarif LAZ 0006 (20–30 Std.)
01	05	620	Wandlungsfenster Tarif LAZ 9998 (30–70. Std.)

Tabelle 4.3: Customizingeinstellungen Saldenbearbeitung

4.3.3 Umwandlung Geldelemente aus der Abrechnung

Alle wandelbaren Lohnarten müssen gemäß vorgegebener Clusterung geordnet werden, d. h., laufendes Entgelt, Einmal- und Sonderzahlungen sowie Boni werden separiert. Gewandelt werden können die folgenden Entgeltbestandteile:

- laufendes Gehalt,
- Wochenend- oder Messeeinsatz Außendienst-Mitarbeiter,
- Sonder-/Einmalzahlungen,
- Bonus,
- freiwillige Schichtzulage,
- freiwillige Rufdienstpauschale,
- freiwilliges Urlaubs- und Weihnachtsgeld,
- Demografiefonds.

Je Lohnart können auf Portalebene unterschiedliche Eingabefrequenzen hinterlegt werden, z. B. als Einmal- oder Dauerauftrag. Aufgrund der unterschiedlichen Gehaltsstruktur gelten für Tarifmitarbeiter, AT-Angestellte und leitende Mitarbeiter abweichende Regelungen, die durch Plausibilitätsprüfungen abgefangen werden müssen.

4.3.4 Prozessdarstellung

Die Abwicklung des Prozesses geschieht mithilfe eines Dienstleisters, der die Anlage und Verwaltung des gewandelten Entgelts übernimmt. Mit diesem Dienstleister werden alle für den Prozess relevanten Informationen mehrfach pro Monat ausgetauscht. Abbildung 4.8 veranschaulicht den Prozess.

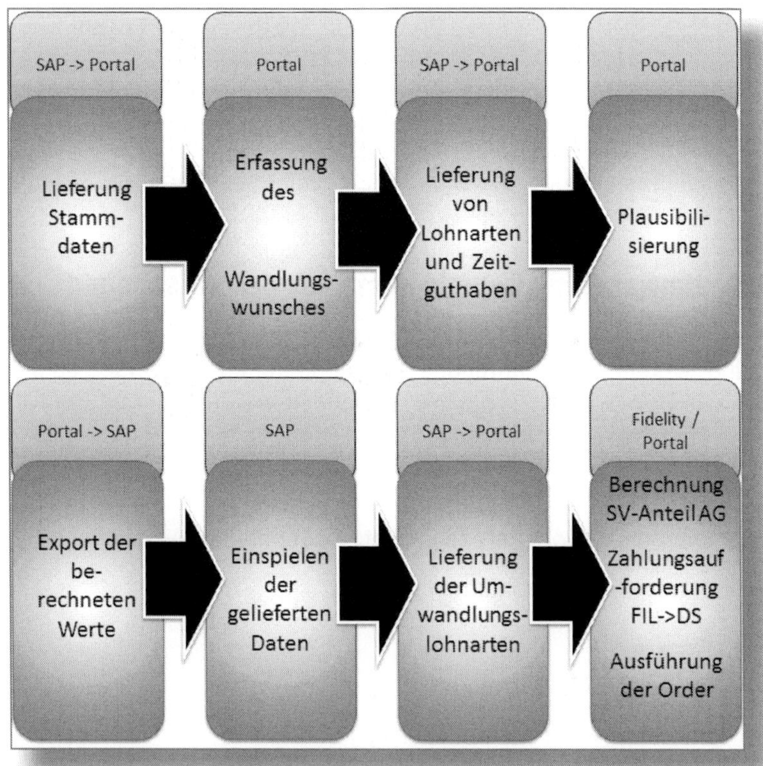

Abbildung 4.8: Prozessdarstellung Langzeitarbeitskonten

4.3.5 Technische Umsetzung Datenaustausch

Die Datenübertragung erfolgt über einen FTP-Server, welcher mit dem SAP-Applikationsserver kommuniziert. Die Authentifizierung (Anmeldung) auf dem FTP-Server und die Datenübertragungen erfolgen verschlüsselt. Auf SAP-Seite werden alle liefernden Programme über die Logik der *Interface Toolbox* (PU12) abgebildet. Dies hat den Vorteil, dass Clusterinformationen sehr leicht eingebunden werden können. Folgende Schnittstellen (Abbildung 4.9) sind für den Datenaustausch erforderlich.

Abfolge	Bezeichnung	Im-/Export
1	Stammdatenschnittstelle	Export
2	Datenlieferung vor der Entgeltabrechnung	Export
3	Export berechneter Werte	Import
4	Datenlieferung nach der Entgeltabrechnung	Export

Abbildung 4.9: Langzeitarbeitskonten, Abfolge der Schnittstellen

Die *Datenlieferung vor der Entgeltabrechnung* erfolgt erst nach der Schließung des Portals, in dem die Mitarbeiter ihre Wandlungswünsche erfassen.

Die Datei *Export nach der Abrechnung* wird für alle Mitarbeiter benötigt, die im aktuellen Jahr mindestens eine Wandlung durchgeführt haben. Dies gilt ab der Abrechnung, in der erstmals gewandelt wurde, bis zur Periode zwölf, und zwar unabhängig davon, ob danach weitere Wandlungen vollzogen werden. Die Informationen werden zur Berechnung der *SV-Luft* benötigt.

4.3.6 Fazit

Das dargestellte Beispiel der Langzeitarbeitskonten ist exakt so in unserem Beratungsalltag aufgetreten. Es zeigt, dass die SAP-Zeitwirtschaft lediglich ein Grundgerüst zur Abbildung von Arbeitszeitkonten bietet. Da es in der Praxis eine Vielzahl unterschiedlicher Regelungen gibt, ist es oft notwendig, durch Anpassung des Schemas oder sogar mithilfe von Zusatzprogrammierungen in die Berechnung einzugreifen.

Der Implementierungsaufwand für eine LAZ-Lösung ist nicht zu unterschätzen. Er lag bei der hier dargestellten komplexen Lösung bei ca. 50–60 Personentagen. Dabei ist anzumerken, dass ein Teil der Implementierungs- und Prozesskosten auf den Dienstleister verlagert wurde.

Die technische Lösung läuft seit fast zehn Jahren stabil und weitgehend störungsfrei. Ferner hat sie sich als sehr robust erwiesen, da nachträglich diverse Sonderfälle in den vergangenen Jahren abgedeckt werden konnten.

4.4 Dynamischer Pausenabzug

Das Standardschema *TM00* (Positive Zeitauswertung) enthält im Verarbeitungsblock »Sollarbeitszeiten ermitteln« die Konfigurationsmöglichkeiten für den Pausenabzug. Dieser kann technisch auf sehr unterschiedliche Weisen eingestellt werden. Hierbei empfiehlt sich zunächst eine sorgfältige Überprüfung, ob der Pausenabzug den juristischen Rahmenbedingungen entspricht, siehe hierzu die Ausführungen in Abschnitt 1.3.4.

Nachfolgend wird insbesondere der *dynamische Pausenabzug* in Abhängigkeit vom Beginn der Arbeitszeit beschrieben (z. B. gesetzlicher Pausenabzug in Höhe von 30 Minuten nach einer Arbeitszeit von 6,0 Stunden).

Schutzrechtliche Arbeitszeit

Zunächst ist zu klären, wann die Arbeitszeit beginnt und endet. In vielen Fällen ergibt sich der Beginn der vergütungspflichtigen Arbeitszeit aus den einschlägigen Tarif- oder Betriebsvereinbarungen sowie aus betrieblichen Übungen. Davon zu unterscheiden ist der Begriff der *schutzrechtlichen Arbeitszeit* gemäß Arbeitszeitgesetz, die von der vergütungspflichtigen Arbeitszeit abweichen kann.

> Schutzrechtlich betrachtet, können z. B. Zeiten nach Verlassen des Arbeitsplatzes bis zum Ausstempeln am Zeiterfassungsgerät nicht als Arbeitszeit gelten; Gleiches gilt für Zeiten vom Zeiterfassungsgerät hin zum Arbeitszeitplatz. Der Beginn der Arbeitszeit und damit der Bezugszeitpunkt für die Berechnung des arbeitszeit-(schutz-)rechtlich korrekten Pausenbeginns sind somit nicht automatisch gleich der bezahlten Arbeitszeit.
>
> Dieser Aspekt sollte z. B. auch bei einer automatisierten Überwachung von Ruhezeiten oder der Überschreitung von Höchstarbeitszeiten beachtet werden. So können insbesondere geringe, aber wiederholte Verstöße gegen die Grenzwerte ein Indiz dafür sein, dass bei einer automatischen Ermittlung eine Unterscheidung zwischen vergütungspflichtiger und schutzrechtlicher Arbeitszeit fehlt.

Zur Vereinfachung wird nachfolgend von einem Arbeitszeitbeginn und -ende entsprechend der Stempelzeiten ausgegangen.

Um Pausenzeiten »dynamisch« auf Basis des gestempelten Arbeitszeitbeginns positionieren zu können, muss zunächst die im SAP-Standardschema *TM00* inaktive (ausgesternte) Funktion *DYNBR* aktiviert werden. Die mit dieser Funktion in Parameter »1« angegebene Rechenregel *TF10* füllt (hierdurch) die Zeitart *T001* mit der in der Rechenregel berechneten Uhrzeit als Dezimalwert.

Die Funktion *DYNBR* berechnet anhand dieses Uhrzeitwertes und der nachfolgend beschriebenen Konfigurationsmöglichkeiten die Beginn- und Endeuhrzeiten der Pausen des Tagesarbeitszeitplans und baut die interne Tabelle *TZP* neu auf.

Auf dieser Grundlage nimmt die nachfolgend im Schema zu durchlaufende Funktion *TIMTP* die Zuordnung der Zeitkennung und -arten zu den jeweiligen Zeitpaaren vor. Diese werden durch die Funktion *TIMTP* unter Bildung erster Pausenzeiten mit dem Tagesarbeitszeitplan abgeglichen.

Die Pausenzeiten sind zu diesem Zeitpunkt jedoch noch nicht vollständig ausgewertet; variable oder bezahlte Pausen werden erst durch die nachfolgend einzubauende Funktion *PBRKS* verarbeitet. Der auf der Zeitart *T001* hinterlegte Uhrzeitwert bildet dabei die Berechnungsgrundlage für die Bestimmung des Pausenbeginns für alle dynamischen Pausen des Tages. Die Funktion *PBRKS* nutzt diesen Wert zur Bestimmung und Positionierung der Pausenzeiten. Einen Überblick der durchlaufenen Funktionen des Schemas TM00 gibt Abbildung 4.10.

```
BLOCK BEG                   Sollarbeitszeiten ermitteln
PTIP  TL10 GEN            * Rundung erstes/ letztes Paar
DYNBR TF10                * Festlegen dynamische Pausen
TIMTP                       Zuordnung Zeitart zu Zeitpaar
PBRKS        1    ALL       Auswertung Pausen
DEFTP                       Sollpaarermittlung
PTIPA TP10 GEN              Abwesenheiten kürzen
RTIPA TP20 GEN              Abwesenheiten mit Zeitkompensation
PTIP  TB10 GEN            * Automatisch abgegrenzte DG kürzen
COPY  TB00                * Autom. abgegr. DG kürzen (auch m. Überz)
BLOCK END                   ************************************
```

Abbildung 4.10: Ausschnitt Schema TM00

Zur Bestimmung dynamischer Pausen müssen die drei Funktionen DYNBR – TIMTP – PBRKS in dieser Reihenfolge im Zeitauswertungsschema durchlaufen werden.

Neben der beschriebenen Möglichkeit zur Konfiguration dynamischer Pausen bietet die Funktion *DNYBR* folgende weitere Optionen:

- **Parameter 1**: Ist keine Personalrechenregel angegeben, wird die Startuhrzeit gemäß Parameter 2 bestimmt.
- **Parameter 2** enthält die Startuhrzeit, ab der die Stundenanzahl bis zur Pausenbildung zu rechnen ist, Tabelle 4.4 zeigt die möglichen Ausprägungen.

Parameterwert	Beschreibung
P	Startuhrzeit ist der Sollarbeitszeitbeginn.
N	Startuhrzeit ist Normalarbeitszeitbeginn.
C	Startuhrzeit ist Kernarbeitszeitbeginn.
sonst	Als Startuhrzeit wird die Beginnuhrzeit des ersten Zeitpaares des Tages ermittelt. Falls kein Zeitpaar vorliegt, wird der Sollarbeitsbeginn gewählt.

Tabelle 4.4: Parameter der Funktion DYNPR

- **Parameter 3** bestimmt, wie die Stundenanzahl bis zum Pausenbeginn ermittelt wird: Entweder beginnt die Pause x Stunden nach der durch Parameter 1 bzw. 2 ermittelten Startuhrzeit oder nachdem ab der Startuhrzeit x Stunden mit Zeiten des Paartyps y oder z vergangen sind. Damit kann erreicht werden, dass z. B. nicht erfasste Zeiten, Zeiten für Dienstgänge, Abwesenheiten etc. berücksichtigt werden.
- **Parameter 4** dient der Steuerung von Pausenzeiten in Überzeit. Durch die Zeitauswertung werden nur jene dynamischen Pausen eingelesen, die (ab Sollarbeitsbeginn gerechnet) innerhalb der Sollarbeitszeit liegen.

Da die durch *DYNBR* ermittelte Startuhrzeit eventuell sehr früh bzw. sehr spät liegen kann, werden Pausen ggf. auch in die Überzeit generiert. Die Reaktion des Systems lässt sich über Parameter 4 wie folgt steuern:

- blank – Pausen werden auch in Überzeit generiert,
- N – Pausen, die ganz in die Überzeit fallen, werden nicht berechnet.

Wird die Funktion *DYNBR* nicht verwendet, so wird der Beginn der Pausenzeit(en) anhand des in Tabelle *T550P* »Arbeitspausenpläne« festgelegten Bezugszeitpunkts festgelegt. Hierüber können Sie den Beginn der Sollarbeitszeit (fixe Arbeitszeitpläne) bzw. der Normalarbeitszeit (Gleitzeitpläne) als den Zeitpunkt definieren, ab dem die Pausenberechnung erfolgen soll.

Dynamische Pausenberechnung: Zeitpaare vor der ersten Stempelung

Die Möglichkeiten zur Parametrisierung der Funktion *DYNBR* stoßen teilweise an Grenzen. So können TIP-Einträge (vgl. Abschnitt 2.4.1), die vor der ersten Zeitbuchung liegen, Schwierigkeiten bei der Ermittlung des korrekten Wertes auf Zeitart *T001* (Bezugszeitpunkt Pausenberechnung = erste Beginnstempelung) verursachen.

In diesem Falle bietet sich eine eigene Rechenregel unmittelbar hinter der Funktion DYNBR an. In dieser Rechenregel kann z. B. mit der Operation ADDDBT001Z eine falsch gebildete Zeitart T001 mit dem Uhrzeitwert der ersten Stempelbuchung des Tages überschrieben werden.

Soll der Pausenabzug nicht nach einer bestimmten Arbeitsdauer, sondern innerhalb eines festgelegten Zeitkorridors erfolgen (z. B. 30 Minuten Pause zwischen 11:30 und 13:30 Uhr), nutzen Sie auch hierfür die Funktion *PBRKS*.

Für jede auszuwertende Pause bestimmt die Funktion PBRKS zunächst die TIP-Einträge, die in den im Tagesarbeitszeitplan angegebenen Pausenrahmen fallen. Dazu werden die angegebenen Parameter 3 und 4 interpretiert. Parameter 3 ermöglicht, nichterfasste Zeiten, die vor dem Pausenbeginn bzw. nach Pausenende liegen, so weit wie möglich zur Pausenermittlung heranzuziehen. Der Parameter 4 muss in diesem Fall leer sein.

Die ermittelten TIP-Einträge werden in der durch Parameter 2 bestimmten Reihenfolge sortiert. Sie werden so lange als Pausenzeit gekennzeichnet, bis die im Tagesarbeitszeitplan angegebene Pausendauer erreicht ist.

Ist keine Personalrechenregel angegeben, werden bis zu der im Tagesarbeitszeitplan angegebenen Dauer unbezahlte Pausen und danach entsprechend bezahlte Pausen generiert. Die restliche Zeit wird in Füll- bzw. Kernzeit umgewandelt. Ist eine Personalrechenregel angegeben, so werden die ermittelten TIP-Einträge durch diese Personalrechenregel verarbeitet. Dort kann mit der Operation *TMBRE* Pausenzeit generiert werden.

Mindestpausendauer

Sollen auch Arbeitsunterbrechungen auf den Pausenabzug angerechnet werden, stehen hierfür technisch die Parameter 2 (Reihenfolge der Anrechnung auf Pausenabzug) und 3 (Berücksichtigung nicht erfasster Zeiten) der Funktion PBRKS zur Verfügung.

Stellen die Arbeitsunterbrechungen sogenannte *Kurzpausen* dar, sind die Vorschriften des Arbeitszeitgesetzes zu beachten. Kurzpausen dauern weniger als 15 Minuten und müssen von angemessener Dauer sein; das ist dann der Fall, wenn sie den Zweck der kurzfristigen Erholung erfüllen können. Im Rahmen der Rechtsprechung und im Hinblick auf die juristische Fachliteratur kann von einer Mindestdauer von fünf Minuten für eine Kurzpause ausgegangen werden.

Kurzpausen sind nicht generell zulässig – das Arbeitszeitgesetz sieht lediglich Ausnahmen für Schichtbetriebe und Verkehrsbetriebe vor, sofern Kurzpausen dort formwirksam in einem Tarifvertrag oder in einer Betriebs-/Dienstvereinbarung zugelassen sind. Die in allen anderen Fällen zulässige Mindestpausendauer beträgt 15 Minuten.

4.5 Fazit

Natürlich handelt es sich bei den Beispielen dieses Kapitels um eine subjektive Auswahl. Dennoch sind insbesondere die beiden letzten Abschnitte von Kapitel 4 geeignet, den Zusammenhang zwischen Einstellungen in den Tabellen der Zeitwirtschaft und deren Verarbeitung im Zeitauswertungsschema zu veranschaulichen. Gemeinsam mit den Abschnitten 4.1 und 4.2 wird deutlich: Es gibt vielfältige Anpassungsmöglichkeiten innerhalb des Moduls Zeitwirtschaft, sie müssen allerdings gut konzipiert sein, und Eingriffe in dem Zeitauswertungsschema erfordern fundierte Kenntnisse der Funktionsweise von Schemen und Regeln.

5 Schlusswort

Ein Zeitauswertungssystem kann naturgemäß durch die unternehmensspezifischen Anforderungen und juristischen Rahmenbedingungen hinsichtlich europäischer, nationaler, kollektivrechtlicher und unternehmensspezifischer Regeln und Gesetze äußerst komplex werden. Die SAP-Zeitwirtschaft ist in der Lage, aufgrund ihrer vielfältigen Anpassungsmöglichkeiten nahezu jede dieser Anforderungen abzudecken. Dies können Sie u. a. durch kluges Customizing der Arbeitszeitpläne, durch eine durchdachte Konzeption und Konfiguration von Zeitauswertungsschemen und -regeln sowie notfalls auch durch ein Ausprogrammieren der User-Exits erreichen.

Die im Buch enthaltenen Hinweise, Tipps und konzeptionellen Ansätze zeigen viele Stellschrauben auf, mit denen komplexe Anforderungen strukturiert und abgebildet werden können. In der Folge sinken die Fehleranfälligkeit und Wartungskosten des Zeitauswertungssystems. Durch die beschriebene »modulare« Konzeption von Zeitauswertungsschemen und -regeln wird das System bestens auf zukünftige Erweiterungen vorbereitet und die Wartung wird erleichtert.

Für die Akzeptanz des Systems beim Anwender sind schlanke Prozesse und intuitiv zu bedienende Oberflächen wesentlich. Wir hoffen, dass wir Anregungen zur Verbesserung einiger Prozessschritte geben und Sie mit unserem Buch motivieren konnten, die neuen Oberflächen insbesondere unter SAP Fiori für die Zeitwirtschaft einzusetzen.

In den nächsten Jahren wird sich der Trend weiter verstärken, immer mehr (SAP)-Anwendungen in die Cloud zu verlagern. Ob davon allerdings auch die SAP-Zeitwirtschaft betroffen sein wird und einige Kunden dann überlegen werden, anstatt der hier beschriebenen klassischen SAP-Zeitwirtschaft *SAP SuccessFactors Employee Central (EC) – Time Management* einzusetzen, bleibt abzuwarten. Die Anstrengungen der SAP sind jedenfalls groß, die Funktionalitäten unter EC so zu erweitern, dass diese Anwendung zukünftig ähnlich leistungsfähig wie die SAP-Zeitwirtschaft sein wird.

Die SAP-Zeitwirtschaft wird allerdings auch unter H4S4, also SAP HCM for S/4HANA, vollumfänglich zur Verfügung stehen und kann daher vermutlich bis 2030 und darüber hinaus von vielen Kunden genutzt werden.

A Die Autoren

Nach Abschluss des Studiums der Wirtschaftswissenschaften 1998 mit den Schwerpunkten Personal und Wirtschaftsinformatik war **Udo Walsch** ca. drei Jahre als SAP Consultant für das Modul HCM bei der IDS Scheer AG tätig, bevor er 2002 in die zentrale IT der Benteler AG wechselte. Dort arbeitet er seither als Inhouse-Berater für IT-Anwendungen im Personalwesen, insbesondere SAP HCM, mit den Schwerpunkten Abrechnung, Zeitwirtschaft und ESS-Szenarien (v. a. Zeitwirtschaft, aber auch Reisekosten und Talent Management). In den vergangenen 13 Jahren hat er das Modul Zeitwirtschaft in über zehn Ländern eingeführt.

Sie erreichen Udo Walsch über *www.xing.com*.

Jürgen Schmitz ist Senior Specialist für SAP ERP HCM mit dem Schwerpunkt Zeitwirtschaft. Seit Abschluss seines Studiums der Wirtschaftswissenschaften im Jahr 2000 ist er in der HCM-Beratung tätig, seit 2005 selbstständig.

2010 übernahm er – privat in der Euregio (Grenzgebiet D, NL, B, L) wohnhaft – die Geschäftsführung der HR Process & Application Consulting GmbH (*www.hr-pac.com*) mit Sitz in Luxemburg.

Im Laufe seiner Berufsjahre konzentrierte sich Jürgen Schmitz auf die Wartung und Neueinführung von Zeitauswertungssystemen und spezialisierte sich neben der technischen SAP-Landschaft auf die umfangreichen juristischen Aspekte eines Zeitauswertungssystems. Hierzu absolvierte er ein Studium zum Wirtschaftsjuristen (LL.M.) mit Fokus auf »Arbeitsrecht (Deutschland)« und »Internationales Wirtschaftsrecht«.

Jürgen Schmitz ist regelmäßig in verantwortlicher Position und als Projektleiter tätig; bis heute führte er in Deutschland 17 vollständige Zeitwirtschafts-Neueinführungen und Redesign-Projekte durch. Er steuert zu diesem Buch die Beschreibungen der Grundlagen (Kapitel 1), die konzeptionellen Ansätze zum Design von Schemen und Regeln (Abschnitt 4.1) sowie die Ausführungen zum dynamischen Pausenabzug (Abschnitt 4.4) bei.

Lars Möller ist Geschäftsführer der LM Consulting GmbH.

Seit Abschluss seines Studiums der Wirtschaftswissenschaften im Jahr 1997 ist er in der SAP-HCM-Beratung tätig.

Mit diesem Schwerpunkt war er zunächst fünf Jahre bei der IDS Scheer AG tätig und gründete anschließend die LM Consulting GmbH.

In mehr als 15 Zeitwirtschaftsprojekten hat Lars Möller umfangreiche Projekterfahrungen im Thema SAP-Zeitwirtschaft gesammelt und ist bis heute bei vielen Bestandskunden für das Thema verantwortlich.

B Index

C Disclaimer

Die in diesem Werk wiedergegebenen Gebrauchsnamen, Handelsnamen, Warenbezeichnungen usw. können auch ohne besondere Kennzeichnung Marken sein und als solche den gesetzlichen Bestimmungen unterliegen. Sämtliche in diesem Werk abgedruckten Bildschirmabzüge unterliegen dem Urheberrecht der SAP SE, Dietmar-Hopp-Allee 16, 69190 Walldorf.

In dieser Publikation wird auf Produkte der SAP SE Bezug genommen. SAP®, ABAP®, ExpenseIt®, Joule, OpenSAP®, SAP ActiveAttention®, SAP® Adaptive Server® Enterprise, SAP® Advantage Database Server®, SAP® AppGyver®, SAP Ariba®, SAP Business ByDesign®, SAP® Business Explorer®, SAP® Bex, SAP® BusinessObjects, SAP® BusinessObjects Explorer®, SAP® BusinessObjects Web Intelligence®, SAP Business One®, SAP Business Workflow®, SAP BW/4HANA®, SAP Concur®, SAP® Crystal Reports®, SAP EarlyWatch®, SAP® Emarsys®, SAP Fieldglass®, SAP Fiori®, SAP Garden®, SAP® Global Trade Services (SAP® GTS®), SAP HANA®, SAP® Jam, SAP Lumira®, SAP MaxAttention®, SAP® MaxDB®, SAP NetWeaver®, SAP® PartnerEdge®, SAP® Sapphire®, SAP® PowerBuilder®, SAP® PowerDesigner®, SAP® R/3®, SAP® Replication Server®, SAP® Roambi®, SAP S/4HANA®, SAP S/4HANA® Cloud, SAP Signavio®, SAP® SQL Anywhere®, SAP Strategic Enterprise Management® (SAP® SEM®), SAP SuccessFactors®, SAP Vora®, Taulia®, The Best Run SAP®, TripIt® und weitere im Text erwähnte SAP-Produkte und -Dienstleistungen sowie die entsprechenden Logos sind Marken oder eingetragene Marken der SAP SE in Deutschland und anderen Ländern. Die Angaben im Text sind unverbindlich und dienen lediglich zu Informationszwecken. Produkte können länderspezifische Unterschiede aufweisen.

Der SAP-Konzern übernimmt keinerlei Haftung oder Garantie für Fehler oder Unvollständigkeiten in dieser Publikation. Der SAP-Konzern steht lediglich für SAP-Produkte und -Dienstleistungen nach der Maßgabe ein, die in der Vereinbarung über die jeweiligen Produkte und Dienstleistungen ausdrücklich geregelt ist. Aus den in dieser Publikation enthaltenen Informationen ergibt sich keine weiterführende Haftung.

Weitere Bücher von Espresso Tutorials

Marcel Schmiechen:

Berechtigungen in SAP® ERP HCM – Einrichtung und Konfiguration

- Rollen- und Profilvergabe im SAP-Personalwesen
- Aufbau eines HCM-Berechtigungskonzepts
- Strukturelle und kontextsensitive Berechtigungen
- SAP-Portalrollen vs. Backend-Rollen

http://5160.espresso-tutorials.de

Marcel Schmiechen:

Berechtigungen in SAP® ERP HCM – Erweiterung und Optimierungen

- Erweiterungen durch Implementierung von BAdI-Definitionen
- Optimierung von Laufzeiten bei der Pufferung struktureller Profile
- Grundlagen der sicheren Programmierung in SAP HCM
- Verwendung und Vorteile der logischen Datenbank

http://5161.espresso-tutorials.de